科技小院十周年（2009—2019）

稼穑人生

科技小院里的
那些事儿

JiaSe
RenSheng

Keji Xiaoyuan Li De Naxie Shir

任思洋　贺敬芝 ◎主编

U0259708

中国农业大学出版社

CHINA AGRICULTURAL UNIVERSITY PRESS

·北京·

内 容 简 介

当前我国农业面临着保障国家粮食安全、提高资源利用效率与保护生态环境等多重挑战,而农业科研与生产实践脱节、农业科技人才培养与社会需求错位、农技人员远离农民和农村等现实问题严重制约了"三农"发展。肩负着"解民生之多艰,育天下之英才"的使命,中国农业大学资源与环境学院的张福锁院士带领团队自 2009 年起创建了"科技小院"的新型人才培养模式——将科研和人才培养的舞台从实验室搬到了大地上,大批学子长期驻扎农村,深入农业生产第一线。大家在"科技小院"里与农民同吃同住同劳动,成为农民的朋友和家人;同时解决生产实际问题,促进农业生产,并将科技成果以"科技小院"为圆心向外快速传播推广。十年来,依托于科技小院的平台培养了大批脚踏黄土、心怀"三农"的现代农业人才。砥砺十年,在这片大地上伴随着许多难以忘怀的回忆。而我们的故事,就从这里开始了……

图书在版编目(CIP)数据

稼穑人生:科技小院里的那些事儿 / 任思洋,贺敬芝主编. —北京:中国农业大学出版社,2019. 6

ISBN 978-7-5655-2199-7

Ⅰ. ①稼… Ⅱ. ①任…②贺… Ⅲ. ①农业技术－人才培养－研究－中国 Ⅳ. ①S

中国版本图书馆 CIP 数据核字(2019)第 069905 号

书　　名	稼穑人生——科技小院里的那些事儿		
作　　者	任思洋　贺敬芝　主编		
策划编辑	王笃利	责任编辑	王笃利
封面设计	郑　川		
出版发行	中国农业大学出版社		
社　　址	北京市海淀区学清路甲 38 号	邮政编码	100083
电　　话	发行部 010-62818525,8625	读者服务部	010-62732336
	编辑部 010-62732617,2618	出　版　部	010-62733440
网　　址	http://www.caupress.cn	E-mail	cbsszs @ cau.edu.cn
经　　销	新华书店		
印　　刷	北京时代华都印刷有限公司		
版　　次	2019 年 6 月第 1 版　　2019 年 6 月第 1 次印刷		
规　　格	787×1092　16 开本　16.75 印张　280 千字		
定　　价	46.00 元		

图书如有质量问题本社发行部负责调换

编写人员

主　　编：任思洋　贺敬芝

参编人员：（排名不分先后）

曹国鑫	赵光明	陈延玲	黄成东	赵鹏飞
李宝深	雷　友	方　杰	黄志坚	刘世昌
刘瑞丽	伍大利	张江周	贾　冲	周　珊
张晓琳	张　涛	蔡永强	魏素君	余　赟
鄢少龙	田　净	胡潇怡	赵伟丽	陈冬冬
陈广峰	李建丽	刘志强	王金乔	刘　晴
杨秀山	牛晓琳	尼姣姣	张书华	刘　林
董倩倩	王晓奕	夏少杰	冯国忠	

前言

当前，我国农业面临着保障国家粮食安全、提高资源利用效率与保护生态环境等多重挑战，而农业科研与生产实践脱节、农业科技人才培养与社会需求错位、农技人员远离农民和农村等现实问题严重制约了"三农"的发展。为解决以上问题，中国农业大学资源与环境学院高产高效（简称"双高"）研究团队自 2007 年起相继派出数名教师、研究生深入基层，依托当地政府、农技推广机构及农业企业等，建立高产高效研究基地（简称"双高"基地）。2009 年，师生进驻河北省曲周县白寨乡农家小院，零距离开展科研和社会服务工作，群众亲切地称这个农家小院为"科技小院"，第 1 个科技小院便由此诞生。历经 10 年风雨，科技小院遍布全国各地，截至目前，在 45 个产业体系采用"农业科研院所＋地方政府部门""农业科研院所＋农资生产企业""农业科研院所＋农业生产企业"和"农业科研院所支持的农业企业"等形式，建立了 127 个科技小院。覆盖全国主要作物体系的全国科技小院网络的形成，在促进农业高产高效技术创新、示范推广、农业科技人才培养和农业生产方式转变中发挥着越来越重要的作用。

　　教民稼穑，砥砺十年。科技小院坚持以"解民生之多艰，育天下之英才"为己任，培养了大批脚踏黄土、心怀"三农"的现代农业人才与现代科技农民。10年以来共计有419名研究生进入科技小院开展工作（其中毕业生为181名），多次获得各项奖励。"实"与"思"作为科技小院研究生的基本要求，在扎根农村的过程中，同学们用自己的双眼、双手去发现"三农"问题，接触"三农"问题，在科学研究的同时，也培养了大批先进的科技农民。据统计，科技小院先后研究引进134项各类农业生产技术，集成冬小麦、夏玉米、春玉米、水稻、苹果、香蕉、菠萝、杧果、草莓等45个作物体系的高产高效技术规程65套，累计开展农民培训1 580场，培训农民82 876人次；开展田间观摩120场，累计参观农民7 114人次。开办农民田间学校10所，培养农民技术骨干2 400多人，而农民的改变是对于打通农技"最后一公里"最好的肯定。

　　作为首本汇聚了全国127所科技小院10年间中的51位典型人物的作品，本书讲述了发生在科技小院中令人动容的"三农"故事，真实记录了近10年"三农"一线的农学学子与农民成长过程。本书在当前大背景下，积极响应全国农业可持续发展规划战略，为早日实现中国特色新型农业现代化打下坚实的理论与情感基础，用真切的实际行动激励更多有志青年投身我国"三农"事业。

　　作为农学学子，肩负着改善我国"三农"现状的艰巨任务，同时更是肩负着民族复兴的光荣使命。党的十九大以来，我们深刻把握总书记提出的新时代中国特色社会主义思想和社会主义核心价值观，积极响应并投身创作，将科技小院中先进模范的生动事迹汇编成书，用实际行动投身社会主义核心价值观建设。

在此，特别感谢国家科技计划课题《作物高产高效群体与关键生态因子的匹配及其调控》（2015CB150405）以及比尔及梅琳达·盖茨基金（Bill & Melinda Gates Foundation）（OPP124589，OPP438721）为本书出版提供的帮助，感谢中国农业大学及吉林农业大学等各位师生的努力，感谢当地政府及农技推广中心等部门的支持，感谢各位农民朋友对技术的向往与对学生的关爱，感谢研究生们的拼搏，感谢中央电视台、中央人民广播电台、新华社、《光明日报》《人民日报》《科技日报》《中国青年报》《农民日报》《河北日报》《吉林日报》等媒体长期以来的关注与报道。

十年苦磨一剑，科技小院立地顶天。我们相信，未来会有更多的年轻人投身"三农"事业，为祖国发展锦上添花！

编　者
2019 年 1 月

目　录

上篇

十周年学生代表

大地孕育的科学家

——曹国鑫

人物简介：曹国鑫，男，1986 年 2 月生，辽宁沈阳人，中国农业大学植物营养系 2011 级博士研究生。2009—2015 年参与河北省曲周县白寨科技小院的创建工作，2016 年以共同第一作者身份在国际学术刊物《自然》（Nature）上发表论文——《科技小院让中国农民实现增产增效》（Closing yield gaps in China by empowering smallholder farmers），为全世界科学家了解中国农业生产实际情况打开了一扇窗，也为全球类似地区解决小农户农业生产问题提供了一种可借鉴的方法。毕业后，他就职于深圳诺普信农化股份有限公司植物营养研究所，担任副所长一职，主要负责公司新型肥料产品研发和养分管理解决方案的开发，并以联合创始人身份参与两家农业服务公司的创办。

科学种地，取信于民

2009 年，曹国鑫以总分 398 分的成绩考入中国农业大学攻读硕士学位。那一年 5 月 2 日，时任总书记胡锦涛同志到中国农业大学看望学校师生，在同中国农业大学师生座谈时做了重要讲话，希望青年学子"自觉到基层一线去发挥才干，到艰苦的环境里去经受锻炼，到祖国和人民最需要的地方去建功立业，切实走好迈向社会的第一步，开辟事业发展的新天地"。为了响应胡锦涛同志的讲话，在中国农业大学资源环境学院的安排下，曹国鑫和李晓林教授、王冲教授、张宏彦副教授等作为科技小院的第一批模范代表来到河北省曲周县，参加"双高基地"建设。之后的 6 年时间里，他们与农民同吃、同住、同劳动，开展"双高"技术的示范推广工作。

研究生期间，曹国鑫在服务曲周农业的同时，出色地完成了硕士研究生科研工作，被学院推荐免试攻读中国农业大学博士学位。他一直在曲周的农村为他热爱的农业、他关心的农民做着自己的贡献。他一边努力地做好科研创新工作，一边为当地的农民提供最直接的技术指导与帮助。一年当中，除了参加大型的学术报告和学术交流外，他把绝大部分的时间奉献给了曲周的"三农"事业。那些年，在农忙的时候，他带领同学们在地里为农民提供手把手的技术指导；农闲的时候，他带着同学们走村入户为农民提供技术培训。一年当中有 280 多天，他是和农民在一起度过的。

农忙的时候是农民管理上出现问题和需要技术指导最集中的时候，也是曹国鑫一年当中最忙碌的时刻。每天早晨 5 点，天还没有亮时，他就和其他研究生们下地了，为的就是赶在农民之前下地。来得及的时候，他们兜里带上简易"早餐"——一瓶水和前一天晚上煮好的鸡蛋；有的时候还不到 5 点钟，农民的一个电话他们就得急急忙忙到地里去解决地里的技术问题了，这些时候，他们往往什么都顾不上带就直接下地了。中午的时候，农户回家吃饭了。还有些农户在地里了解到学生们根本顾不上回去吃饭，许多村民朋友就从家里给学生们带午饭：一个鸡蛋、一根大葱、一袋咸菜、几个馒头、一壶热水，饱含了村民们对学生们的关心与支持。晚上，等地里的机器都停止工作，最后一个农民也收工了，他们才骑着自行车回到简陋的小院宿舍。回去之后正式开始晚间工作：大家分工协作，有的去生火煮面条，有的整理一天搜集的问题和记录下的数据，写成工作日志和技术指导方案反馈给学校老师咨询一些技术要点。等所有工作都结束，回头看表已经是午夜 12 点了。

冬天，地里没农活干了，农民都在家里准备着过年了，曹国鑫和同学们仍然没有离开这片土地，在寒冷的冬天里，他们开始了热火朝天的冬季大培训。他组织同学们和当地的农业技术人员，把从书本上、农民地里面、农业技术专家那里学到的知识整合在一起，制作了几套通俗易懂且图文并茂的培训讲稿，走村入户地为农民朋友们提供系统性的农业技术培训。一个冬天的时间，他们走遍了全县的 300 多个村，为全县的农民送去了知识和技术，并和农民建立起了深厚的情谊。

以真心换真心，曹国鑫和同学们全心全意的帮助也换得了当地农民朋友的真心对待。农民们观察到大多数学生穿的都是单鞋，几个农户连夜为师生们缝制了棉鞋；知道学生们住的宿舍没有取暖设施，附近的农户把自家的煤炉子搬给了学生们；发现学生们住的地方水管冻裂了，特地从家里的储水井里打出几桶水为学生们送来。这些情谊都在激励着他们继续为当地的农民服务……

扎根一线，成绩斐然

"你种地能种得过我吗？"曹国鑫回忆起初到河北省曲周县时总是被农民问到这样的问题。农民对大学生的怀疑，也让这位年轻人暗自"较劲"。他进驻科技小院后，忙前忙后，与当地农技人员一道为农民提供科技指导。当年秋天，在科技小院的指导下，北油村村民吕福林就成了玉米高产"状元"。一时间，当地农民争相加入科技小院所组织的一系列"双高"创建活动中。

为针对性地解决绝大部分农户受教育程度低、对技术接受能力差的问

题，科技小院建立了"提升农户兴趣—强化信息传播—建立农户信任—实时决策咨询"的新型技术扩散途径。农民不喜欢读书看报，小院就在村头树立起科技长廊，给农户家里发放科技日历；农民们爱热闹，小院在村里开展舞蹈队、识字班等文化活动，培养与农户的信任度。此外，科技小院还创建了"土地不流转，也能规模化"的操作模式，解决了技术应用上的难题；与政府、企业建立了自主参与的多元化服务体系，如为推动政府对深耕推广，建议政府设立了每亩（1 亩≈667 米²）30 元补贴，用专用肥等标签区分科技产品和普通产品，帮助农民正确选择。

依托科技小院，中国农业大学的专家和教授们探索并建立了一个研究生"住一个科技小院，办一所农民田间学校，培养一批科技农民，研究一项技术，建立一个示范方，发展一个农业产业，推动一村经济发展，辐射影响一个乡镇，完成一系列论文，组织好一系列活动"培养"十个一"模式。曹国鑫同学出色地完成了研究生培养"十个一"模式的各项内容。

在扎根曲周的 4 年时间里，为打破农业技术推广"最后一公里"的难题，他和其他师生们与县农业技术人员一起，建立了以科技小院为中心，以科技长廊、科技小车、科技农民和科技培训为主要内容的多元化农业技术示范推广体系；研究小麦-玉米轮作、小麦/玉米/西瓜间套作、苹果高产高效生产技术，围绕曲周农业生产现状、实际生产和农民关心的问题，先后发表 10 篇技术类和示范推广工作文章；组织村民培训 200 余场次，面对面地为农民提供技术指导 2 000 余人次；创办农民田间学校 1 所，培养骨干科技农民 20 名；协助成立粮食种植专业合作社 5 家，农机专业合作社 1 家，促进土地流转 630 余亩。2009—2015 年，在科技小院的帮助下，曲周 40 万亩小麦、玉米每年增产粮食 1.15 亿公斤，农民增收 2 亿元以上，而化肥用量几乎没有增加。

在科技小院学习和工作期间，由于工作成绩突出，曹国鑫先后获得"曲周县 2012 年度十大杰出青年"荣誉称号、"曲周县冬季培训优秀教师奖"、北京市"党在百姓心中"宣讲活动优秀宣讲员一等奖、中国农业大学 2012 年度"科研成就奖"、中国农业大学资源与环境学院"杰出贡献奖"、中国农业大学资源环境与粮食安全研究中心"科技创新与服务三农杰出贡献奖"等一系列奖励。

摆脱迷惘，心怀天地

10年前，入住曲周科技小院的首位研究生曹国鑫在村屋里苦苦纠结着"在农村能写出毕业论文吗？能顺利毕业吗？将来又能做什么？"等问题。然而就在几年后，一篇题为《科技小院让中国农民实现增产增效》的研究论文在《自然》上发表了。这一成果是由中国农业大学等单位的14名研究人员经过8年合作研究完成的。曹国鑫与中国农业大学资源与环境学院张卫峰教授为共同第一作者，张福锁教授为通信作者。曹国鑫做梦都没有想到，自己不但顺利地完成了研究生学业，还以第一作者的身份出现在世界顶尖期刊上。

博士毕业后，曹国鑫没有凭借着发表的高水平文章，像其他的博士一样选择在高校和科研院所工作，他选择了去企业，问到他原因时，他很坚定地告诉我们"我想把科技小院模式带到企业里面去试一试，希望在企业的产品、资金和渠道能力的支持下，科技小院模式可以更快、更好地为更多的农民提供有效的服务。"

2016年初，曹国鑫开始在深圳诺普信农化股份有限公司筹建植物营养研究所，用了一年的时间，他就筹建了一个25人的团队，下设5个部门，包括作物营养研究室、营养分析研究室、产品工艺研究室、设备与工程研究室和作物大数据云平台。植物营养研究所的成立，不仅为公司在研究板块上进行了有效的补充，而且在公司分销服务板块上增加了一台新的发动机。

2017年，在公司的支持下，曹国鑫联合几位创业伙伴创建了深圳大象肥业有限公司，这家公司致力于实现测土配方施肥技术的商业化。3年的时间，公司在全国建立了9家测土配方施肥技术服务中心，他把在科技小院学习到的核心思想植入这家公司，倡导把产品研发、技术服务和农民的实际需求结合起来。为此，他把12名研究人员派到了农村开展解决方案研究和产品雏形设计。刚刚起步的 2 年，公司累计销售额实现了 3 800 多万元。

2018 年，在推动原有业务的基础上，他尝试采用"用户导向"和"点线面体"的逻辑，带领公司部分人员向作物产业链方向做纵深发展，探索新形态的业务，为农民提供更加多元化的服务内容和有型产品。下半年，他在海南与中国热带农业科学院联合建立了最具病毒检测权威、百香果单一作物品种品系最全的热带亚热带水果种苗繁育中心，为农户的种苗做权威的病毒检测，为用户提供健康的种苗，尽可能地降低农户的种植风险。在问到他为什么会选择跨专业、跨行业的种苗领域，他说"农民在这方面有非常大的需求，别人做得都不好，我们就尝试着去做了，并且这和我们的原有业务也是一种立体化的结合。未来，我们还会尝试做水果销售，解决农民水果卖不出去、卖不好的问题，不过，那需要更多的精力和资源，现在还不成熟，慢慢来。"

曹国鑫回忆道"在曲周的生活和学习，虽然艰苦，却很幸福；虽然短暂，却终生难忘。"他曾在《我和科技小院的故事》一书中写过这样一句话"在曲周的时光教会我，不要害怕放慢自己的脚步。有的时候，脚踏实地了，慢，是为了更好的快……曲周，让我有了更加丰富多彩的人生，不仅仅是经历，还有那份经历背后的洗涤与沉淀。"

主持婚礼

别样午餐

三江情，七星梦

——赵光明

个人简介：赵光明，男，1982 年 6 月生，黑龙江伊春人。2006 年进入建三江进行硕士课题研究，2010年参与组建建三江科技小院，主要从事寒地水稻测土配方、水稻高产与养分高效利用的综合管理技术研究与示范工作。毕业后进入建三江七星农场农业生产部，主要负责全场水稻生产指导、服务、管理、新技术示范推广等工作。

结缘北大荒

2006 年中国农业大学主持的全国水稻养分管理会议在黑龙江农垦建三江召开，赵光明跟随自己的导师——张福锁教授第一次走进了北大荒，这也是他第一次感受到了这里的现代化大农业，一望无际的良田美景顿时吸引住了他。次年，中国农业大学与黑龙江农垦总局搭建了科技示范合作共建平台，他作为中国农业大学硕士研究生，被导师派到了建三江管理局七星农场，主要负责寒地水稻养分资源综合管理研究与全国水稻测土配方施肥黑龙江垦区的培训与指导工作。

初到这里的他并不适应这里的生活，经过了几天的冥思苦想后，他顿悟，要想做好田间工作，必须要和农民一起深入基层。之后的日子里，他走连队，入田间，扎根农户中，用真情换真心，渐渐地融入了当地的农业生产中。

2007—2009 年间，赵光明在顺利完成硕士课题的同时，参与制定水稻栽培技术规程，帮助 4 个农场完成测土配方施肥指标体系建立，最重要的是拉近了与农户之间的距离，解决了农民实际生产问题，也和大家成了朋友。

初到北大荒

田间工作

命运的抉择

在开展技术推广和服务的过程中，赵光明对建三江这片热土渐渐地产生了深厚的感情。他意识到，建三江作为全国现代农业发展的排头兵，具备最好的生产条件和农机装备，这里就是他发挥才能、大有可为的地方，就这样，他决定硕士毕业后以一名农业科技人员的身份继续留在七星农场工作。

工作期间他又在学校和农场的共同支持下，继续考取并攻读中国农业大学植物营养专业博士研究生学位，成了中国农业大学与建三江农垦技术合作平台的纽带。2010 年，中国农业大学与建三江管理局共同建立了高产高效现代农业研究示范基地——"中国农业大学建三江科技小院"，确定了以解决当地生产问题为小院根本发展方向：从试验理论研究向田间示范推广转型。

自科技小院驻扎之后，当地农户这样评论道："你们这帮学生搞的技术还真行，粮堆确实比去年大，以后你们说咋弄我就咋弄"。当地农民的支持给了他们更充分的信心迎接之后的挑战。为了更好地开展工作，赵光明自己承包了 450 亩水田，作为他和建三江小院学生们的"演练场"。经过理论与实践的打磨，他逐渐摸索形成了寒地水稻"双高"生产技术模式，为种植户开展培训 1 000 余次，和农户一起种植了 3 000 亩水稻示范田，成果颇丰：亩增产 18%，节肥 15%，亩增收 130 元。科技小院的工作得到了当地领导的肯定，当地农户和小院同学的心走得更近了。

使命在召唤

经过在小院的磨砺，赵光明意识到未来农业发展，靠的是具有科学文化素质、掌握现代农业生产技能、具备经营管理能力的新型职业从业者。因此2014 年博士毕业后，秉承着传承科技小院理念，赵光明作为主要发起人组建了"七星农场'锄禾'大学生志愿者服务队"。这只队伍主要由在校大学生组成，大家来自不同地域，不同院校的涉农专业：用知识武装农业，改变农民落后的生产经营方式，做新时期的"锄禾者"是他们共同的努力方向。

5 年间，在赵光明的带领下"七星农场'锄禾'大学生志愿者服务队"走遍了农场的 122 万亩土地，义务开展技术培训 300 余次，培训农民超 5 万人次，通过服务，增进了同农民的感情，也增强了他们自己的使命感和服务"三农"的责任感。

随着农业供给侧改革的不断推进，为了更直接高效地完成七星优质水稻与市场对接，2015 年赵光明又牵头组建了"黑龙江农垦粒粒金水稻种植农民专业合作社"，发展社员 52 人，入社面积 2.4 万亩，注册大米商标两个（垦香稻、垦星）。他们从绿色水稻供需入手，通过合作式利益联结模式，以订单形式，引导社员种植绿色优质水稻 2 600 亩，生产的全过程，合作社发挥大学生的专业优势，从品种选购、生资供应，到生产过程的管理，提供全程的生产和技术服务，合作社与当地大型的稻米加工企业结为联盟，利用他们先进的水稻加工设备，保证了水稻加工质量，在高产和提质上实现双重效益，加工的大米实行原产地经营，年销售自产大米 100 余吨，创造经济效益 170 余万元。

岁月匆匆，离开小院数载有余，对于赵光明来说，毕业后离开校园，以一个基层农业工作者的身份到农场工作确实需要勇气，也是一种情怀，更是科技小院理念的传承。把论文写在大地上，在实际生产中体现专业价值，就是这样的想法一直推动着他前进。他将会与时俱进，运用新的思维模式，给农业插上科技的翅膀，使农业产业变得更有前景，使乡村振兴更有市场价值。

激情燃烧的岁月

——陈延玲

人物简介：陈延玲，女，1987 年生，山东省日照人，中国农业大学植物营养系 2009 级硕博连读生。2010—2015 年驻扎吉林省梨树县梨树科技小院，从事养分资源高效利用研究。陈延玲由于工作成绩突出，得到多家报纸和电视台的专题报道。在农村开展工作的同时，她在欧美 4 大主流期刊上发表 4 篇 SCI 论文。研究生期间共获得 International Plant Nutrition Scholar Awards、博士国家奖学金、中国农业大学十大五四青年标兵等 24 项奖励。2015 年 7 月入职青岛农业大学资源与环境学院。

扎根农村生产一线，服务"三农"

2010—2015年，每年到了农忙时分，梨树县四棵树乡三棵树村的田间地头就会出现一道靓丽的风景线：梨树科技小院第一任"院长"——陈延玲骑着梨树科技小院的小自行车奔波在田间地头。

5年来，陈延玲参与指导了全县2 000多个高产高效竞赛示范户的创建工作，由她直接指导的示范农田种植面积达1 500多亩，平均产量比普通农户提高20%，2011年她参与指导的农户刘兴军首次在吉林省中部黑土区实现吨粮田，成为梨树县历史上第一块吨粮田。2012年由她带领的西河科技小院指导的西河村高产创建工作，有10户农民的玉米产量每公顷超过14 000公斤，这在梨树县的历史上是前所未有的。陈延玲也因此连续5年获得梨树县颁发的农业突出贡献奖。

2010年6月，陈延玲被梨树县政府任命为梨树县付家街村的科技村长。在任职期间，她带领村里各个队的科技示范户，组成高产高效创建团队，定期交流种植经验，还组织各种规模的田间现场会，并且带领各个团队进行相互交流观摩，共同提高科技种田水平。

地里农户家"课堂教学"

科技村长，关注农村教育

陈延玲在基层一线的工作态度和成绩得到了学院领导的肯定，学院领导任命她为梨树科技小院代理党支部书记。她定期组织在基地开展科研工作的研究生党员认真学习党的理论知识和关于农业方面的政策措施，并将精神内涵及时地传达给农民。经过不断努力，她所住村的村党组织的组织生活和党支部活动有了很大的改善。用农民党员的话说，她的到来，给基层党组织注入了新血液。在她的带领下，基层一线的研究生们将北京市的"红色1＋1"活动开展在梨树，如组织农村老党员参观四平烈士纪念馆；每年与当地的王家桥村小学的小朋友们共同纪念六一儿童节；在北京积极募捐图书及电子琴等教学设备送到王家桥村小学，受到当地人民的高度赞扬。

陈延玲的积极工作还得到了中国农业大学梨树实验站领导们和梨树县团委的肯定和支持，2012年5月，她被任命为中国农业大学梨树实验站团总支书记。在任职的一年的时间里，她与实验站的各位研究生党员和团员积极奋战在农业生产一线。在2012年梨树县"虫口夺粮"战役中，她带领基层一线的研究生及时发现并向相关部门报告了虫害的情况，从而最大程度地降低了虫灾的危害，为梨树县的高产创建做出了突出贡献，也因此中国农业大学梨树实验站的全体师生获得梨树县农业局授予的"虫口夺粮·功不可没"的锦旗，这些成绩的取得为中国农业大学在梨树县工作的开展奠定了良好的基础。

"科技村长"的日常工作

科研与推广相结合，将论文写在大地上

陈延玲在生产一线的工作热情和成绩得到了植物营养系领导的肯定和关注，因此获得提前攻读博士生的资格。转入博士研究阶段的她，依然奋战在生产一线，但是更忙碌、更充实。

　　她一边进行博士课题的研究工作，一边挖掘农民生产中的实际问题，并在农民地里进行实践，使得农民可以近距离地观察到这些实验的现象，潜移默化地为大家传播科学知识。服务"三农"的同时，她的科研成绩也未曾落后。研究生期间，她先后在欧美4大主流期刊上发表4篇SCI论文。此外，她还带领科技小院的研究生通过组织各种大型田间观摩活动来为广大农户推广科学知识。这项工作不但促进了农户间的交流，而且在一定程度上促进了梨树县合作社的发展壮大。

　　梨树的5年对于陈延玲来说，是激情燃烧的5年，是奉献的5年，是收获的5年，是成长的5年。这5年，她踏踏实实地在她所热爱的农业战线上一步一个脚印地奋斗着，书写了她别样的青春。如今，在母校——青岛农业大学任职的她，依然把科技小院的精神应用在科研和教学上，用科技小院的精神鼓舞和激励着她的学生们。在她的影响下，已经有多名同学投入到科技小院的工作中去。相信他们会继续传承和发扬科技小院精神，将科技小院不断发展壮大。

将论文写在大地上

别样的青春

——黄成东

　　人物简介：黄成东，男，1985 年生，陕西省榆林人，博士毕业于中国农业大学，2010—2015 年驻扎在河北省曲周县后老营科技小院，研究养分资源综合管理以及作物大量元素与中微量元素的结合。入驻小院 5 年来，他克服小院艰苦的自然条件，运用所学科学技术为广大农民解决实际问题；独创"科技小车"的宣传方式，以实际行动积极响应小院"零距离、零时差、零门槛、零费用"的"四零"服务的宗旨。因工作认真负责，成果贡献突出，于 2017 年 9 月入职中国农业大学资源与环境学院。

不一样的选择，不一样的青春

第一次来到曲周，黄成东清楚地记得那是 2008 年 3 月 25 日。伴随着5 个多小时的绿皮火车到达了邯郸。下火车后，他又改乘带着浓重尘土气息的大巴，继续了 1 个小时的车程才来到了曲周。穿过拥挤的繁闹的国防桥，20 分钟后却又是另外一片世界，静悄悄的，偌大的一个院子，他终于抵达了这次的终点站——中国农业大学曲周实验站。还是早春时候，站里没有几个人，荒芜的气息使他心中备感落寞。

2010 年 1 月，黄成东接到了中国农业大学资源与环境学院李晓林教授的电话，李老师让他负责组织并参加在曲周举办的冬季大培训活动。经过短短几天的培训，他发现自己进步神速。黄成东意识到这是个锻炼自己的好地方，因此不顾自然条件的艰辛与生活环境的恶劣，他对李晓林老师明确表态：李老师，我决定了，我要留在曲周。就是这么一句话，黄成东开启了曲周之旅，从此翻开了人生的另一页。

科技小车上的服务员

在曲周度过的第一个冬天，黄成东就遇到了 50 年一遇的冻害，整个曲周县苗情较往常差了不少，对小麦丰收是极大的挑战。作为科技小院的骨干，他积极思考如何做好示范工作，努力寻找对策，解决这个难题。面对这些问题，黄成东及老师们请来了全国小麦体系专家为示范区诊断麦情，并邀请河北省小麦专家以及曲周县农牧局技术骨干、白寨乡技术员和科技农民一起商讨对策，提出管理措施。经过了几天的激烈讨论，大家一起制定了万亩双高基地春季小麦水肥管理技术方案，提出了"以促为主及早管理，强化肥水夺取双高"的技术思路。而技术落实的难点在于如何将商讨后的技术对策传递到农户手里。为此，科技小院前期采用分别进村指导动员，进行各种有针对性的培训，并印刷技术资料，通过各种形式传送到示范区农民手中。事实证明，这样的宣传效果不甚理想，想出如何高效地宣传和培训对策迫在眉睫。就在这时，在他眼前一晃而过的摩托三轮车打开了思路：为什么不用摩托三轮车呢？这种当地特色交通工具很好地适应了曲周县域农户地块狭小的限制，便于穿梭在大街小巷。带上喇叭，就能让科技小院的对策从喇叭里传出来，传送到家家户户。

说干就干，黄成东从白寨乡政府借来了彩旗，绑在三轮车的四周，为的就是让人眼前一亮。之后又跑到县城里，做了4条喷绘，分别写着："双高技术服务车""以促为主及早管理，强化肥水夺取双高""实践科技发展观，免费服务到田间"。焕然一新的科技小车走村入巷，进地穿田，为农民朋友送上了最迫切需要的实用技术。为期15天的"科技小车"行动，也缓解了当年的冻灾，用科技的力量为农民下一年的丰收做出了巨大的贡献。

"科技小车"穿梭在田间地头

苦尽甘来，硕果累累

2010年初，在后老营村村支书李振海和大河道乡党委政府盛情邀请下，后老营村科技小院于2010年4月17日正式建成了。黄成东开始对西瓜生产一窍不通，只能向村里生产经验丰富的农民朋友们学习。渐渐地他

可以结合专业知识为当地的农民朋友们答疑解惑。在他分析老营农户的小麦/西瓜/玉米生产体系种植习惯之后，发现了许多问题：包括西瓜连作障碍无有效对策、农户缺乏系统的技术指导、施肥量偏大且配方不合理、病虫草害防治效果差且药害现象普遍、与规模化经营的要求还有较大差距、西瓜产业链不完善等。这些问题严重限制着高产高效农业的实现，降低了农户的种地纯收益和种地积极性。

针对以上生产中存在的问题，他开展了高产高效技术的研究、集成与创新，不断地开展田间试验，在生产实践中检验技术的适用性。截至 2014 年，共开展田间研究试验 30 余个，由此形成了以"西瓜嫁接育苗＋测土配方施肥＋优良品种选用＋播期密度调整"的 4 项关键技术为核心的小麦/西瓜/玉米高产高效技术体系，这些技术经过本土化改造后，完全适用于后老营村，极大地推动了村域农业发展。

利用科技小院驻村优势，黄成东及其余驻扎在小院的同学们，充分扶持合作社发展，利用合作社的组织优势，将分散的农户统一管理，实现了关键技术的统一，有效地提高了技术到位率，充分发挥了高产高效技术在村域农业上的应用。截至 2015 年夏天，合作社为全村共订购配方肥 400 余吨，西瓜嫁接苗 1 000 亩以上，小麦良种 4 000 余亩，玉米良种 500 余亩，而且在合作社的带动下，村内的农资经销商也开始跟着合作社，销售相同或相似配方的肥料和小麦、玉米优良品种。基于科技小院的平台，有力地推动了村内农资行业的健康发展，更重要的是，让农民看到了能够放心地使用农资产品的希望。

几年间，高产高效技术研究示范取得了初步成效。①小麦产量增产 16%～35%，玉米产量提升 10%～33%，西瓜产量提高 7%～105%，示范方内应用集成技术的农户小麦/西瓜/玉米间套作模式下粮食（小麦＋玉米）亩产达到了 900 公斤，个别农户亩产达到了吨粮。在保障粮食安全的同时，利用西瓜生产创造的良好经济效益，实现了粮食丰收与农民增收的协调发展，保证了农业生产发展的可持续性。②示范方小麦的氮肥偏生产力 PFP-N 较农户传统种植方式高出 17%～27%，西瓜的则增加了 114%～182%，实现了资源的高效利用。初步统计，累计为后老营村节本增效 200 余万元。

除了农作物产量的提高，当地农民的科技素养也在不断增强。截至 2015 年，后老营科技小院已开展常规培训 30 余次，培训 3 500 余人次，实时指导 2 000 余人次，累计示范推广面积 6 000 余亩。目前田间学校已开课 30 余次。田间学校培养的科技农民们开展了 20 余个田间试验，增强了认识和掌握技术能力，为之后的技术引进和示范打好了基础。同时学员们开始自己动手写出科普小文章，并将自己的技术传播给周围的农户，极大地提高了他们的种地积极性和科技种田能力，推动了高产高效技术的实际应用。

出色的成绩不仅获得了老师专家和当地百姓的一致好评，同时也获得了当地政府的高度认可。2010 年 9 月，中共河北省委常委、省纪委书记臧胜业对合作社发展做出重要批示，同时邯郸市和曲周县各级领导对合作社的发展给予了高度重视和关注，为合作社进一步发展创造了良好的环境。2011 年初，合作社先后成为县级示范合作社、邯郸市农民专业合作社示范社；2011 年 5 月，邯郸市西瓜协会筹备成立大会召开，后老营村的亿鑫西瓜专业合作社作为龙头将进一步引领邯郸市西瓜产业的发展。2012 年合作社获得各级政府扶持资金 15 万元，全部用于社员购买农业生产资料，2013—2015 年曲周县相关部门不断给予合作社发展提供多方面的支持，进一步推动了高产高效技术的应用。

不忘初心，通过这 5 年在小院的锻炼，黄成东也实现了当年想要驻扎小院，留在曲周的真正目标：成为一名全面发展的优秀人才，毫无疑问他做到了。对他个人最大的改变，莫过于综合能力的显著提升，交流沟通能力、团队协作、综合思考能力等多方面能力显著增强；科研素质不断提高，通过调查跟踪，发现生产问题，针对问题开展试验和研究，集成创新和改进技术，同时形成科学文章，促进当地生产发展的同时提高研究生的科研能力；加深了对"三农"的理解，最快速直接地发现"三农"的现状和问题，重新认识和思考农业、农村和农民；也因此获得了各级部门的认可，并且他还打造了一批农村能人……

黄成东的 5 年读书经历，对于他而言是最特别的青春故事。这期间他

与地方群众建立了深厚的友谊，经历了许多感人至深的故事，丰富了人生经历，将青春最美好的时刻留给最可爱、最朴实的农民朋友们，由此他也获得了一生中最宝贵的财富。

田间指导　　　　　　　　　　　　丰收的喜悦

腼腆小子的蜕变

——赵鹏飞

人物简介：赵鹏飞，男，1987 年生，内蒙古自治区鄂尔多斯市人，本科毕业于内蒙古农业大学。2010 年 6 月入驻全国第一个科技小院——白寨科技小院，服务北油村、甜水庄村、司寨、马布等 7 个村，开展农民培训、田间学校、中秋晚会等一系列活动，2012 年攻读博士学位，开始负责王庄科技小院，期间连续 3 年完成对曲周全县的农户调研工作，发表英文文章 1 篇，中文 3 篇，与此同时，作为主要负责人组建王庄 500 亩高标准示范田，接受中央电视台等媒体采访，使得科技小院的事迹在《新闻联播》等栏目中得以广泛宣传。2016 年毕业后入职深圳诺普信农化股份有限公司。

别人眼中的白寨

第一次来到曲周，赵鹏飞是跟随李斐老师前往曲周试验站完成自己的本科毕业论文的工作。在试验站里，他见到很多的博士、硕士师兄师姐们，他们白天到"300亩"试验田采样，晚上回到实验室做试验，或是在寝室里处理数据，每个人都过得忙碌充实。科学的试验设计、美观的试验小区、大量的试验数据，他想这可能就是他以后的模样。研究生复试的时间要到了，赵鹏飞询问周边前辈们的意见，而其中有一位师兄的建议令他影响深刻，他说："你可千万不要去白寨，那边的学生太辛苦了。"当时的他心中立刻对这个神秘的地方充满了好奇，无数的念头在脑中盘旋：白寨到底是个什么样地方？他们在那边又在干什么？但当时懵懂的他，没来得及考虑那么多，就去学校参加研究生复试了。顺利通过复试之后，兜兜转转，赵鹏飞还真地被分到了李晓林老师名下，当然也就顺理成章地来到了全国科技小院的起源——白寨科技小院。

慢热的性格，在科技小院里变得火热

用赵鹏飞自己的话来评价自己就是两个字：慢热。在刚到白寨科技小院的时候，他花了好长一段时间才了解科技小院的工作职能，因为这与他在试验站里看到的师兄师姐们做的工作完全不同。这里没有他曾经憧憬的美丽的试验小区，也没有实验室里的瓶瓶罐罐，取而代之的是大片大片的农户地块和一处简陋朴素的农家小院。

农民培训是赵鹏飞在小院遇到的第一个坎。不善言辞的他之前鲜有机会站在台上表达自己，而农民培训可以说是科技小院的日常工作之一，也是科技小院学生的必备技能之一。与他同届的两位学生方杰和刘世昌早早地在另外一个小院已经开始了培训。虽然对他来说是个不小的挑战，但为了更好地完成任务，赵鹏飞暗下决心一定要掌握这个技能。从那时起，他开始留心身边的老师和师兄的所作所为，一切从头开始，师兄干什么，他就干什么，师兄怎么干，他就怎么干。当时正值玉米收获小麦播种的农忙时节，也是一年当中农民培训较为集中的时候，在观摩了曹国鑫师兄和雷

友师兄分别在甜水庄村和司寨村的培训之后，他就突然接到了李老师的任务：独立在范李庄村做农民培训。在之后的一天时间里，他几乎什么都没有做，一直在准备晚上的培训。忐忑与紧张伴随着他一整天，一直到晚上，他用颤抖的声音在范李庄村的马路上完成了他人生以来的第一场农民培训。虽然赵鹏飞很紧张，但最后反响很热烈，因为农民朋友都太渴望这样的机会了。因此结束之后，好多村民都围过来问各种各样的问题，最后，一位大妈对着他说："国家没有白培养你们这些研究生。"这句话在他心里暖了好久好久。

有了第一次培训经验之后，再加上冬季大培训的短时间、高强度的培训锻炼之后，他开始变得自信，他逐渐能够独立为前来询问小麦玉米种植知识的农民们答疑，也能够独立去组织田间活动，甚至是中秋晚会他也可以以主策划的身份完成。在科技小院的日子里就是这样不断挑战自己，不断成就自己的过程，经历得越多，成长越多。

全面的成长，从 CCTV 开始

2012 年对赵鹏飞来说，是有重大意义的一年，那一年对他而言又是一个新的起点，他顺利转入博士学习。也是那一年，赵鹏飞这个县城出来的普通小伙登上了央视的舞台，变成了当地的名人。

2009—2012 年，科技小院师生长年驻扎农业生产一线，与农民同吃同住同劳动的事迹被广泛传颂，这也引起了国家级媒体——中央电视台的关注，在多次讨论之后，CCTV 计划给科技小院做专题的报道，而赵鹏飞作为主要学生代表多次参与了节目的录制。一台电视节目的录制，除了需要被采访者基本的语言表达能力之外，还需要他承担对接县里、乡里以及村里的多方面的沟通工作，需要组织各种各样的场景。也是在那个时候，他学会了自信积极地表达自己的内心所想，展示科技小院与当地村民同吃同住同劳动的真实场景和感人故事。

在短短一个多月的时间里，赵鹏飞学会了以怎样的语气讲话才能更让村民接纳自己，学会了如何和村民们变得更亲密；在与县里、乡里的干部对接事情的时候，他学会了怎样简洁明了地向领导汇报工作，怎样获得大家对自己所做工作的认可和支持。他在不断地对接、协调，在不断地组织、表达。一个多月的时间让他整个人焕然一新，变得更加自信，更加成熟稳重。

之后几年，赵鹏飞在不断地接受挑战：如王庄科技小院500亩高产高效示范方的组建。在华北地区小农户散户经营的背景下，王庄统一深翻、统一品种、统一播种、统一肥料的合作社操作模式在当时是一道靓丽的风景；科研方面，英文文章的撰写和发表，每经历一件重大事件都是对其综合能力的一次助推。

在服务"三农"的道路上重新起航

赵鹏飞博士毕业后，顺利入职深圳的一家上市企业。在公司里，他和他的团队以火龙果为目标作物，借鉴科技小院的工作思路，建立示范方，开展农民培训，常年穿梭在火龙果基地里。在项目开展的短短1年时间里，全程托管服务面积从83亩扩展到2万余亩，亩产量增加15%，中心糖度增加14%，全年肥料用量节省10%，为农民增加纯收入3 048元/亩。在另外一个战场上，继续用他在科技小院学到的工作方式和工作态度挑战自我。

2010—2016年，在一个人成长的重要时期，驻扎科技小院的6年经历重塑了赵鹏飞的性格，教会了他为人处世待人接物的本领。最重要的，在科技小院里，他结识了陪伴他一生的那个人，再过几天，他们的宝宝就要出生了。所以他经常对他的同事说，科技小院，始于2009年，但关于科技小院的故事却一直在发生着……

测产期间

田间授课

科技助力企业发展，小院练就产业技术

——李宝深

人物简介：李宝深，男，1986年3月生，辽宁鞍山人，中国农业大学植物营养系2011级博士研究生。在校期间先后参与曲周后老营科技小院、广东徐闻科技小院、广西金穗科技小院创建工作。发表科技文章41篇，获发明专利4项，撰写专著2部；先后两次获得广西金穗农业集团有限公司优秀员工荣誉称号，获得第九届中国大学生年度人物"入围奖"等9项奖励。毕业后在广西金穗农业集团担任技术总监和广西香蕉育种与栽培工程技术研究中心常务副主任，主要负责金穗集团产业技术研发及生产管理相关工作。2017年获南宁市劳动模范称号。

"中国农业大学的在读研究生们，深入一线，产学结合，服务'三农'，是走对了路子。"这句话是 2013 年 10 月 27 日，中共中央政治局常委、全国政协主席俞正声在考察广西金穗农业投资集团时对正在那里开展"科技小院"建设工作的研究生们给予的高度评价。当时负责汇报工作的就是中国农业大学科技小院培养模式的研究生代表——李宝深。

从实验室到田间

李宝深看起来书生气十足，却是"全国科技小院网络"学生里实战经验最为丰富的几位元老之一。自 2009 年中国农业大学启动"科技小院"建设工作以来，他先后在河北、广东、广西的农村一线开辟了"后老营科技小院""徐闻科技小院"和"广西金穗科技小院"等多个科技小院，用执着无私的实际行动为当代农业学子们树立了最好的榜样。

李宝深和科技小院的故事还要从 2010 年元宵节说起。当时还是硕士二年级的李宝深要在第一座"科技小院"——曲周县白寨科技小院接受为期 1 年的培养。远离学校，远离了优越住宿条件和熟悉的朋友，心理上的落差是每位被派到一线培养的研究生都会出现的负面情绪，同时也是他们必须克服的第一项障碍。但是看着年过半百的李晓林教授带着 3 位研究生和 2 位教师一头扎进村里，一住就是 300 多天。有这样的榜样在身边，李宝深心想"德高望重的老师比自己还玩命，年轻人没理由当逃兵。"

在曲周的日子里，李宝深学会了如何想农民所想，忧农民所忧。他搭建大棚教瓜农们做嫁接苗、为农民提供随时随地的技术服务；为了让西瓜卖个好价钱，他跑遍了邯郸及其周边所有市县的农贸市场，最后甚至把西瓜卖到了韩国；为了能让瓜农拧成一股绳对抗市场风险，他组织当地瓜农成立了 150 多人的合作社，并注册了属于他们自己的品牌和商标，而这个合作社后来发展成邯郸市重点打造的市级农民合作组织之一。除了做好农民服务以外，他更是结合实际生产在农民地里搞起了科学研究。李宝深先后以第一作者发表科技论文 7 篇，撰写报纸通迅 2 篇，与他人合作发表论文 10 余篇，出色地完成了硕士阶段的学习任务，转入博士学位的攻读阶段。他在曲周的奋斗经历后来被写成了长篇故事《我在曲周》，在中国农业大学校报上进行了多期连载。

从学生到院长

2011 年 6 月，硕士毕业照还没来得及拍的李宝深被调往湛江市徐闻县启动"徐闻科技小院"的建设工作。秉承着深入一线的工作理念，当地第一个科技小院在徐闻县前山镇甲村村委会辖区内安家落户。在李宝深的带领下，徐闻科技小院团队先后克服了生活上的不适应和语言上的障碍，通过真诚的服务把自己变成了农民心目中的自己人。甲村村委会的黄书记曾经这样形容过小院师生："过去也有过一些说着普通话穿着白大褂的人到我们的地里做事，但是他们住了一段时间不是开始卖药就是悄悄地走了，中国农大的这群人不一样，他们是真心做事的。"

在农村生产一线做科学技术研究往往会缺少很多现成的工具，所以研究生们需要学会十八般武艺，类似于木匠活或者铁匠活也是必备技能之一。在徐闻科技小院，很多类似土钻和采样锤这类工具都是研究生自己做的。就是在这样艰苦的条件下，李宝深成功地带领他的团队于 2011 年度全面启动了菠萝滴灌施肥技术的研究工作，为师弟师妹们设计好了毕业论文的研究方向和研究内容。时隔 2 年后，当年这几处试验地都已经取得了非常漂亮的研究成果和示范效应。基于科技小院这个平台，也将研究成果——水肥一体化技术成功推广向当地农业生产实践中。当地农户彭德灿在看到该项技术的效果以后，直接把家里 150 多亩菠萝全部配上了滴灌设施，而前山镇政府更是主动出资为当地村民打了 28 眼机井，以鼓励他们也用上水肥一体化技术。

从农民博士到企业主任

2012 年 2 月，李宝深被派往广西金穗农业集团开辟广西金穗科技小院，去探索新型研究生培养模式——在现代化种植企业一线培养高级技术型人才。这项任务要求他在香蕉种植领域苦练硬功的同时，也肩负着管理

来自企业的人员和基地研究生这三重任务，同时，他还要面对完成博士论文的巨大压力。而当面对着提前毕业和出国深造的大好机会的时候，经过了反复的思想斗争，李宝深还是选择了放弃，因为这里的农民需要他，也因此他下定了"学不成名誓不还"的决心。

为了在最短的时间内掌握香蕉栽培技术的要领，李宝深放弃了公司提供给他的员工宿舍和优越的办公环境，一头钻进了万亩蕉园的简陋的管理员宿舍，与生产一线的工人们住到了一起。从此，金穗集团的香蕉地里多了一位有着博士头衔的"农民工"，配农药、拉木柴、修管道、管水肥，基本需要用人的地方他都能派上用场。

功夫不负有心人。半年后，在集团公司的基层员工心得交流大会上，李宝深的事迹被作为新进高学历人才的典型讲给了在座的每一位员工，他的真诚和务实打动了身边的管理员、承包户和公司领导。公司为了更好地让他的团队发挥作用，投资几百万购置了一大批分析检测设备，成立了广西金穗香蕉产业技术创新中心。实验室建设期间，没有一点工程管理经验的李宝深用最原始、最复杂的方式从水电路设计、室内装修、设备调试和采购等各项环节亲自操刀确保了项目的圆满完成，再一次让公司的领导感受到了农大研究生身上不可限量的培养价值。后来，创新中心得到了广西壮族自治区科技厅的大力支持，更名为广西香蕉育种与栽培工程技术研究中心，进入省级工程中心创建阶段。

2013年9月，金穗集团喜获丰收。宝深团队优化后的水肥方案不仅有效降低了肥料投入，更保证了公司香蕉品质的提升。工程中心直属的393亩养分综合调控试验示范区香蕉更是以高于同期对照区0.2元/公斤的价格优势畅销始终，受到了代理商们的拥戴。李宝深也因此获得了金穗集团公司2013年度优秀员工，被正式任命为广西香蕉育种与栽培技术工程研究中心副主任。

2014年2月20日，是广西金穗科技小院成立2周年的日子。回顾这段从博士变成了农民工、再由农民工变成了工程中心副主任的传奇故事，李宝深脸上洋溢的依然还是腼腆的微笑，但眼神比2年前更加果敢与坚定。

在金穗期间，在隆安县、坛洛县范围内开展高质量农民培训 100 余场，技术辐射面积达 8.7 万亩。他们用优异的成绩向世人证明，研究生在农业生产一线同样可以成长、成才，文章可以写在大地上。

因为工作的需要，李宝深每年最多只在学校待六七天，也只有过年的时候才会回家陪家人三五天，其他时间基本都在工作岗位上度过。虽然身影渐渐淡出了校园，但是他的形象却从未被老师和同学们忘记。2012 年，中国农业大学资源环境与粮食安全中心授予李宝深研究生"杰出贡献奖"，听着电话另一端的老师同学们齐声喊着自己的名字，李宝深心中百感交集，觉得这些年的辛苦值得了。2013 年 9 月，因为忙于工作而放弃申请任何奖学金的他，被学科老师们一致提名并授予中国农业大学"科研优秀奖"。

回忆起驻扎在科技小院的这段经历，李宝深感慨地说："在曲周，我看到了农民是多么需要科技工作者的帮助；在徐闻，我看到好的农业技术是多么大有可为；而金穗更让我懂得了农业知识分子的尊严和价值需要用自己的双手去创造。知识可以学习，经历无法复制，这段难忘的求学经历会成为我一生中最宝贵的财富。感谢母校，感谢陪我经历风雨见到彩虹的所有人。"

蕉地里的博士

锤炼意志，培养思想

——雷友

人物简介：雷友，男，1983年3月生，四川资中人，中国农业大学植物营养学专业硕士研究生。2009年首批参与曲周县科技小院建设工作，揭开第二轮中国农业大学-曲周合作的序幕。在张福锁老师的指引下，跟随李晓林老师、张宏彦老师和王冲老师的脚步，深入田间地头，与农民交朋友，将小麦-玉米高产高效的理论与实际生产相结合，把技术送到农民朋友手里，打通农业技术与生产衔接的"最后一公里"，为曲周粮食生产的连续稳产增产打下坚实的技术基础。从2012年开始参与到水果集约化生产基地的建设、管理工作当中，目前初步形成了大棚设施甜樱桃的技术管理体系以及大棚草莓技术管理体系。

如何用干劲得到农民朋友的初步认可

2009 年 5 月 31 日，雷友跟随张宏彦老师到达曲周实验站。在绿树环绕的实验站休息一天后，收到了他的第一个任务：从 6 月 3 日开始，必须要在 5～7 天的时间里完成万亩范围内的测产工作。当时接任务的时候，由于对工作的难度和工作量没有概念，雷友还暗自高兴，终于可以大显身手了。但仅过了一天，雷友就感慨这 20 多年都白活了，从没有做过这么辛苦的工作。顶着火辣辣的太阳，只要是露在外面的地方就被晒得火辣辣地疼，小麦茬子弄得一身痒得很，腿走得又酸又胀。中午还有幸享受了一下纯天然的"桑拿觉"，地上铺上一个装样品的编织袋，躺在上面，5 分钟也能睡得着。晚上 10 点多，雷友跟随当地工人一起回到了实验站，匆匆洗漱后，结束了他一天的工作。迷迷糊糊中，雷友听到有人在叫他，仔细一听是老海的声音，一看表才 4 点 40 分！急急忙忙下楼，在"大学生起不来了"的玩笑声中，又开工了。尽管天气热，可是活还得干，可是偏偏天不随人愿，在第 4 天的时候，集体出现腹泻的症状。第 5 天早上，出现了几张新面孔，原来是有人生病了。第 6 天，又更新了几张面孔。工人能换班，可学生就一个，只能一手拿着药，一手干着活，硬着头皮继续干。经过 7 天紧张、辛苦的工作，大家终于完成了小麦取样的工作。在庆祝完工的时候，老海搂着雷友的肩膀说："雷友，你真行，我们大家都服你了。你还真是可以呢，像个农民了。"听着老海的话，雷友心中还是有几分得意的，能让这帮种田能手佩服，也是不容易的。完成小麦取样的工作，他就对以后 2 年的工作有了大概预期，这锻炼才刚刚开始，这也算得上新时代的知识青年上山下乡啊！工作的艰辛，更坚定了他干出一番成绩的决心，这苦不能白挨！

工作出发点与工作方法的有机结合，才能更好地实现目标

从小麦取样开始，雷友进入了小麦-玉米高产高效生产体系与生产实践的结合工作上，与曲周老百姓同吃同住同劳动。小麦-玉米高产高效生

产的最终目的是增加农民收入，也是雷友到曲周工作的出发点。刚到曲周，他便与村里的实际管理发生了冲突。雷友及同学们在白寨村建立第一块高产高效示范田的过程中，选用优良小麦种子进行生产，作为制种田以获得制种的收入。作为制种田，就需要将与品种表现不一致的植株剔除掉，就是派出专门的人员进行剔除工作，但是在实际执行的过程中，工作人员进行了过量的剔除。这时雷友就对工作人员说："这么干不行，不能剔得太狠，会影响产量。"周围的村民看到雷友这样说，他们马上就激动起来，都认为这样做有问题。于是村主任就到小院与李老师理论，说："小雷造成村里工作被动，要求严惩小雷。"李老师详细了解情况后，认为："小雷的出发点没有问题，精神值得支持，方法需要改进。"

通过这件事之后，雷友更加了解到了村里管理工作的难处，也激发了他对于小院工作和为农民服务的热情，这以后他与村里的关系更加融洽，为小院工作的进一步开展打下良好的基础。

理论与实践的结合之路

生产需要的是多面手，对于一个一线生产人员，需要具备生产环节涉及的所有知识。雷友的专业是植物营养学，但是对于栽培学和植保学来说就是一个门外汉。为了克服这个短板，雷友一方面在李晓林老师的组织下学习相关的理论知识；另一方面大量地走访农民朋友，通过聊天的方式从他们多年的经验中"拜师学艺"，同时，每天与示范方内的农民朋友一起下地，把种子一步步地培育成为果实。经过一个生产周期的摸爬滚打，雷友摸清了邯郸地区小麦-玉米轮作体系的生产情况，从而逐渐建立起了适应当地环境的小麦-玉米高产高效生产体系。

在了解基本生产体系的情况下，雷友在小院还锻炼了处理突发情况的能力。虽然现在农业科学技术比以前有了很大的提升，但是面对大自然的力量，还是有其薄弱的地方。如何应对自然灾害，如何在自然灾害面前减少损失，也是需要解决的问题。

也正是因为扎实的理论学习，在小院的几次种植都十分顺利：2009 年小院的玉米在大喇叭口期遭遇了大风灾害，由于雷友选用的抗倒伏的玉米种，在大风过后不需要额外的人工扶植，玉米植株能够自然恢复直立状态，对于产量的损失较小。无独有偶，2009年冬天到2010年初春，小麦遭遇了冬季干旱和春季倒春寒，使小麦群里量小，分蘖不足，会造成减产。雷友及同学们及时采用了促进生长的生产管理方案，同时加强技术的落实工作，实现了灾年丰收。

思想的延续——学以致用，走在创业路上

2014年，雷友开始与投资人涉足农业领域，是因为他们坚信生态农业旅游的前景大有可为。但他们开始认为农业生产很简单，技术的作用并不是那么重要。一开始，按照他们的方式生产，每个建筑面积1亩地，实际使用面积0.7亩地的温室大棚，每个大棚产值1.5万元。雷友经过2年的摸索，采用的方法就是在研究生时期学习到的"曲周模式"：学习理论的同时，接待了大量来自浙江和北京的草莓种植户，以产量和质量为目标，解决生产中的实际问题，逐步形成新的技术体系，同一个大棚的产值提高至4.5万元。比如，天津的土壤pH在8.3左右，盐碱程度很高，草莓"黄化"是一个能造成大量减产的问题。在贾冲师弟的协助下，雷友及伙伴们采取调节根际微环境的办法，能够有效地缓解草莓"黄化"的程度，降低"黄化"对产量和质量的影响。正如小平同志提出的"科技是第一生产力"，农业科学技术是一切生产的根本。对于理论基础扎实的，作为中国农业大学科技小院培养出来的学生要做到具备预见性，即通过理论基础结合实际生产基础，预判可能出现的生产问题和风险，可为"上医"；要做到具备应急性，即能够及时有效地解决生产中的突发情况，可为"下医"。农业也是一条充满艰难险阻的道路，借屈原先生的话以共勉——"路漫漫其修远兮，吾将上下而求索"。

丰收的喜悦

草莓-前期未黄化（一）

草莓-前期未黄化（二）

草莓-前期未黄化（三）

草莓-黄化初期

草莓黄化

草莓-黄化后期

草莓-黄化改善初期

草莓-黄化改善后期（一）

草莓-黄化改善后期（二）

用心丈量人生，用脚丈量世界

——方杰

　　人物简介：方杰，男，1986 年出生，湖北省黄冈市红安县人，本科毕业于华中农业大学。2010—2012年驻扎在河北曲周槐桥乡科技小院，以苹果科技小院为载体研究科技小院技术推广模式，2014—2015 年通过和新洋丰肥业合作，将科技小院模式和传统销售方式结合，探索农资行业产品销售向服务营销转型。目前担任湖北新洋丰肥业股份有限公司技术推广部部长。他和同学共同制定了槐桥乡相公庄 702 万亩的林果产业规划，探索出适宜当地的新型服务营销模式；伴随着科技小院的精神，他将为探索更加优质的农业行业服务营销模式继续砥砺前行。

稚嫩的开始，倔强的选择

谈到科技小院，漫天飘雪是越不过的场景，2010 年 4 月 2 日方杰在张宏彦老师的带领下乘坐着北京开往邯郸的火车，5 小时的车程，中途张老师简单的介绍并没有解开方杰对科技小院的疑惑。下火车后，他们坐上了一辆面包车，伴随着咯吱咯吱的踏雪声，方杰看到一个"小老头"在雪中孤立地站着，"这是李晓林老师"，随着张宏彦老师的介绍，方杰脑袋里空转了几秒钟，站在他面前的就是报考研究生时削尖脑袋也想报考的导师李晓林教授。他手刚伸出去正准备自我介绍一下，4 个同龄人从一个破旧的农村小平房冲出来并被逐一介绍。简单的寒暄和休息之后，方杰就被安排在另外一个同样简陋的小平房里住了下来，晚上才知道这就是第一个科技小院，里面住着李晓林教授、曹国鑫师兄、李宝深师兄等。

对北方馒头的不适应，对当时工作内容的疑惑好像没有机会来得及去解决，方杰就这么开始了他在科技小院的生活。时任曲周县委书记莅临科技小院，师兄们接待县委书记时所展现出来的逻辑思维、表达能力、现场把控让本科刚毕业的方杰大吃一惊，他觉得学校的校学生会主席也不过如此吧，于是坚信自己在这里一定可以快速成长。一个月之后，方杰逐渐熟悉了科技小院，正好其他乡镇给李老师发出了邀请函，期望在自己的乡镇建立科技小院来振兴农业，就在李老师犹豫的时候，方杰和刘世昌表达了意愿，在师兄们的鼓励下，李老师的支持下，他们正式向槐桥乡科技小院开拔。这就是方杰和科技小院的故事的开始。

三易其居，村里果农觉得你们有用

对于科技小院而言，还没有到 1 岁的生日，而 6 月份对于华北平原小麦-玉米轮作体系是忙碌的季节。此时的方杰和刘世昌离开了白寨小麦-玉米科技小院，被李老师用小车送到了槐桥乡相公庄村，后来才知道一望无际的树是苹果树。丢下两床棉被，和村支书做好了交接后，他们两个小伙

子就住进了支书家的鸽棚。6—8月正是华北平原最热情的季节，住在钢板房，吃饭、洗澡就成了问题，而这种情况下，两个小伙子还得考虑李老师留下的那句话，"村民不赶你们走了，你们就有毕业的基础"。那时不像现在的小院有一整套的操作流程和庞大的网络提供参考，在两个小伙子面前的第一道难关就是如何融入的问题。思来想去，两人决定先摸家底即做调研，了解一下村的产业情况，同时重点了解当前相公庄果农的种植习惯。经过半个月的调研，基本上知道了苹果树的生长规律，主要的关键症结。除调研时常赶不上饭点，以及鸽棚厂离村庄还有一点距离导致和村民的沟通不够及时有效，给生活带来不少的困扰外，缺乏苹果种植中问题的解决技术和措施也让两位小伙子苦恼。不过在之前调研时，他们也发现了一块风水宝地，那就是刚建的小学，还没有装修，也没有人入住。于是他们通过村委会扯了一根电线，同时也和附近的村民商量好每天晚上来接水，借着李老师给电动车让他们在县城买的电磁炉煮面吃。

　　一个月的调研让他们收获颇丰，谁家果园种得好，谁家果园有什么问题基本上摸得一清二楚了，然而毕竟不懂苹果种植技术。为了拜师学艺，解决苹果种植问题，李老师请来了他的学生姜远茂教授，国家苹果现代产业体系专家，有了姜老师的指导，此时的两个小伙子腰杆也直了。同年7月份，村委会准备把老支部的院子给他们来建科技小院。参观了老支部后，他们发现这个院子在村中心，相对独立，有较大的空间可以用来组织活动，于是毫不犹豫地把小院的大旗插在了相公庄这片苹果园当中，也正式给村支部取名叫科技小院。村民虽然知道他们在村里游荡了一段时间，但是知道他们来了、要干什么、怎么干的人非常少。于是，他们俩一商量，决定搞一场培训，就村里当前苹果种植的现状，从姜老师那儿弄来的一点点苹果技术加上自己初生牛犊不怕虎的气魄，面对着100多位有着几十年种植经验的果农，他们居然上台了。但由于对业务不甚熟悉，第一次培训也只是草草收尾；做第二次培训的时候，村里依然来了80多名果农，这次是由李老师亲自指导。于是，每到关键时节和一些种植问题找到解决方案的时候，科技小院就热闹起来了，后来小院平均每个星期至少有 1～2 场培训。

他们系统地把该村的苹果种植问题进行了总结，发现该村的苹果产业存在早衰、树势旺、病虫害多、土壤贫瘠、挂果率低、根系浅、果实偏大有裂纹、施肥不当、病虫害防治不及时等普遍问题，通过文献查阅、找姜老师求教、果农之间相互讨论等方式将每个问题形成系统的解决方案，通过冬剪培训、测土配方、壁蜂授粉、增施有机肥等措施来应对各种苹果种植问题。为了让果农相信技术有用，他们采用了示范田、培训以及研讨，但是推广效果并没有想象的好，毕竟果农种了几十年苹果，的确很难想象两个"嫩头青"指导他们种植苹果。于是方杰他们决定去全国苹果种植的示范地参观学习，感受一下好苹果是怎么种出来的。

2011 年 4 月初，方杰他们在姜远茂教授的支持下，开始谋划奔赴蓬莱参观"中国苹果第一园"。首先要解决的是经费的问题，经过多次与村里协商，最终说服乡政府给资助 2 000 元，同时村里资助 1 000 元，然后剩下的费用由农户自筹。经费的问题是解决了，随之而来摆在他们面前的是人的组织、行程安排、车辆预订等一系列问题，对于当时的方杰，不得不说是一个非常大的挑战。然而小院培养的学生好像就具备一种敢为人先、赶赴挑战的精神，最终，5 月 31 日方杰他们用泡面和榨菜和紧凑的行程完成了这次学习之旅。当然效果也是显著的：他们传播的所有技术开始有果农主动承担试验示范的责任，同时口口相传使得所有的技术在村里得到大部分的落实，最终受过科技小院指导的农户较两年前的农户在掌握基本常识方面提升 20%；所持有的科技态度、科技意识和观念水平提升 52%，农户对新技术不采纳率减少了 15%；在技术应用方面，2011 年较 2010 年和 2009 年分别提升了 20% 和 53%；在技术认知和理解上均提升 59%……

槐桥乡科技小院的两年对于方杰而言，是永远无法模糊的记忆。刘全清老师常说的一句话在不断地激励着他："累说明你还在奋斗。"

砥砺前行，用心丈量生活，用脚丈量世界

2012年毕业后，方杰时常问自己我们应该用什么样的姿态，什么样的方式来面对当前和未来，科技小院"顶天立地"植入内心的思维模式和做事方式让方杰一往无前。

2014年，方杰被任命为湖北新洋丰肥业股份有限公司苹果专用肥分公司副经理，来探索科技小院的服务模式与中国农资行业传统销售方式结合的路径，目的是为当前从产品营销向服务营销转型提供案例和依据。经过两年的探索和实践，苹果肥分公司从第一年的5万吨销量，最终扩展到14万吨；整个苹果肥分公司覆盖了黄土高原702万亩的苹果产区。2015年在科技小院指导下，苹果肥分公司的苹果产量较未指导产区平均每亩增产221公斤，减肥7公斤。

2015年，湖北新洋丰肥业股份有限公司战略布局农产品领域，方杰作为第一个吃螃蟹的人，被任命为洛川新洋丰果业发展有限公司总经理。经过2年的摸索，公司决定进一步扩大果业的战果，2017年9月，方杰被任命为北京新洋丰沛瑞发展有限公司副总经理，负责市场品牌和电商创新板块。2018年7月至今，方杰被任命为湖北新洋丰肥业股份有限公司技术推广部部长。他告诉自己无论何时必须要奋斗在中国农业的最前线。

方杰知道他的力量是薄弱的，他的呐喊是微弱的，但是他相信科技小院是一个播种机，在中国农业的大地上播出了无数个像他一样的种子，最终，这些种子一定会生根发芽，茁壮成长，在各自的领域贡献自己的力量。他想用一句话总结在科技小院的生活，那就是："砥砺前行，用心丈量生活，用脚丈量世界。"

村支书与他的人生选择

——黄志坚

　　人物简介：黄志坚，男，1988年生，广东省佛山市南海区人。2010—2012年，驻扎在河北省曲周县王庄科技小院，开创了一个人建立一个小院的新模式，而且构建了曲周县王庄村小麦-玉米高产高效种植技术推广体系。他继承并发扬以石元春、辛德惠院士为代表的老一辈农大人"改土治碱"的历史使命，帮助农民增产增收。2011年6月，王庄高产示范方小麦的产量达到660公斤/亩，为曲周县历史之最；同年年底，在他的推动下，村合作社被评为市级示范合作社。由于工作出色，他获得了中国农业大学"金正大"一等奖学金、2010—2011年度学院优秀党员等荣誉称号，并且在2012年1月，被村民选举为王庄村党支部书记。

"一人一狗一小院，走北闯南似等闲。"这一句话，就可以概括黄志坚自进入科技小院以来，到毕业后进入社会，前后将近10年的生活状态。如果要说，总有那么的一段经历，足以影响一个人的价值观和未来的道路。那么，对于黄志坚来说，这段经历就是科技小院的两年生活。以前，他脆弱敏感的性格，包裹在要强的外壳里，经过科技小院的锤炼，变换了外壳，重组了内在，塑造了独立、真诚、自信的人格，这段经历不仅为他日后造就了更多可能和精彩，而且也帮助他找到了人生为之奋斗的核心价值。

不甘人后，踏实在小院奋斗

大片落叶散在院子、灰尘铺满屋里屋外，推门进房间里，床是由两张高低不平的木板拼接的，玻璃窗破得漏风，没有暖气，没有自来水，没有热水器……该有的，都没有。这就是王庄科技小院给黄志坚的第一印象，甚至连"科技小院"4个字的招牌也没有。2010年冬，科技小院的老师把同学们召集到实验站，准备进行覆盖全县的冬季大培训。王庄村离实验站比较近，借着这个契机，黄志坚就到了刚刚分给他不久的王庄小院瞅瞅。看完后，他觉得怎么会有比白寨小院还要破的地方，除了克服饮食问题，连基本生活也成问题。

天啊，这怎么待？没法待。

他甚至觉得，这是李晓林老师在惩罚他。4月2日，刚刚通过研究生复试的他，跟随牛新胜老师到了实验站。到的第一天晚上，他就跟王冲老师吵起来了，因为实验站条件有限，晚上水压低，站里的学生都没法洗澡。作为一个南方人，不洗澡就睡觉的生活是不可想象的，当时他觉得老师没有为学生解决最基本的生活问题。他心想："肯定是因此冲撞了老师，导致现在要被单独分配到王庄小院，或者说，要进行隔离。"

他觉得被集体抛弃了，但结果既定，只好勇敢地面对。2011年的正月十二，他没有到学校报到，直接从家里来到王庄。为了迎接他的到来，村里的老支书王怀义用春联的形式郑重地写上了红底黑字的"科技小院"四个字，贴在门口，乐呵呵地对他说："志坚，你看我们小院也有牌子了。"但黄志坚只是无奈地地笑了笑。不久后，他就得了急性肠胃炎，经历了人生第一次打点滴。他被老师接去白寨小院照顾，看着小院里师兄和同学们忙碌地下地、采集数据和整理资料，自己倒成了累赘。他开始反思自己，心态上没有摆正，思想上没有坚定立场，怎么会在王庄小院的创业过程中获得好结果呢？难道要这样继续糊涂地待下去，得过且过？不，要强的他不甘于躲在大家后面，他也要打造一片属于自己的天地。

在王庄小院的成员安排中，除了有一个学生长驻村里，还有实验站的牛新胜老师。病愈后，重整信心的黄志坚迅速回到王庄，找到自己的团队，和牛新胜老师一起面对第一个任务——接待 4 月 9 日学院张福锁教授带领的专家和学生团来访。讨论王庄小院的发展思路，制作展板，招募田间学校学员，准备介绍内容，准备村合作社介绍等资料，很多时候不知不觉就到了晚上两三点，当他把整理好的初稿发给牛新胜老师时，牛老师马上给予了回复，原来老师也没有睡觉。大家一起并肩奋斗的感觉，更加坚定了黄志坚做好自己小院的信心。一切都在紧锣密鼓地准备着，当科技小院的牌子正式挂在墙上，科技胡同、科技长廊、科技广播、田间学校、校训等功能模块也开始逐渐地丰富科技小院的内涵，同时，也迎来了专家团的考察。

"不错嘛，看来王庄小院的工作也开展得有声有色！"张福锁老师对王庄小院的工作表示了充分肯定，同时也给王庄小院和田间学校进行了揭牌。有付出，有收获，有团队，有学科的强大后盾，黄志坚对王庄小院的未来真正地充满了信心和期待。

学会独处，一人一狗不寂寞

独处，是一种能力。20 多岁的年轻小伙，性格外向，怎么忍受得了经常一个人待着，而且还要自己做饭？"其实就是寂寞，但你总得想方设法让自己过得更好。"黄志坚对此很坦然。为了获得更多的陪伴和安心地做饭，他养了条狗，很调皮地把它取名为"猫猫"。猫猫性格很随和，也很聪明，会上电动车，村民都很喜欢。每天，猫猫都会蹲在电动车的脚踏板

上，和黄志坚一起下地看苗情。太阳透过村口的两排杨树，洒下一片斑驳的光影，一辆电动车走过，车上的一人一狗热情地和村民打着招呼，这幅场景成了许多村民心中对王庄科技小院的最初印象。

学会了独处，思路开始变得开阔。白天出去看看苗情，跟进一下自己的试验，或者看到农民就拉拉家常，晚上安安静静地整理一下数据，看看文献，学习知识。自此，对于他来说，"三农"问题不再是一个空泛概念，他在深入其中感受其中，简单地与书本、与南方的环境做对比，很容易就抓到关键，然后随手敲上一篇小院日记。在不停地观察小麦生长和安排田间学校课程中，他开始觉得时间有点不够用了。他很珍惜在王庄的日子，因为人生难得有那么两三年，不计较利益，不计较成本，很踏实、很纯粹地做一件有利于社会的事情。这在以后的回忆里，肯定让人非常怀念。他很想把这里的每一天都留住，于是，就写了一个"麦田小事记"。这记录着他每一天在村里有意思的事情，整整写了 365 天，写出了 5 万多字的内容。

获得认可，自信当选村支书

王庄是 20 世纪 70 年代改土治碱时期的老试验区，当时以石元春、辛德惠院士为代表的老一辈农大人在这里进行盐碱治理，实现"从无到有"的跨越，使地里可以打粮食了。而科技小院的定位是要实现"从有到好"的过程，在王庄进行高产高效创建，提高粮食产量。对于其他小院来说，王庄科技小院有着它的历史使命。既然决定要做，那么就要把小院给做好，小麦季就是打响小院的第一炮。

为了更好地切入王庄的农业生产，找出小麦玉米的产量限量因子，黄志坚进行了入户调研，一家一户地拜访，了解大家的传统种植习惯。另外，他和牛新胜老师一起，对全村进行测土。取土的人手不够，他们就通过科技广播向全村进行号召，让大家来小院拿土钻，到自家的地里进行取土。土壤化验后，牛老师在田间学校的课堂上，向大家讲解测土配方施肥技术，同时每一户都拿到了施肥建议的手册。经过调研与测土发现，王庄的种植环节中，主要面临的问题是春季水肥管理时间过早和氮肥投入过多。找到核心问题，工作思路也清晰了。他要将高产高效的种植技术传播开来，但作为一个南方人，小麦见得都不多，谈何授课。所以开春后，小院邀请了县农业局技术推广站有着 30 多年小麦栽培经验的杨玉芳站长给田间学校的 19 名学员讲解小麦春季管理要点，让大家知道水肥后移的重要性，杜绝因为过早地给水给肥导致小麦群体过大、不通风透光，进而影响高产的弊病。希望田间学校的学员以身作则，把自己家的地作为技术示范田，给村里的其他农户做榜样。同时，在牛老师的帮助下，他建立起小院的高产示范方，示范方的马路上竖立着科技长廊的技术展板。他要实实在在地带着村民干，让村民学得到技术，看得懂操作。

"水肥土种，密保管工"，农业生产离不开这八字"宪法"。开春后，气温上升，小麦的病虫草害也多了起来。4 月份，当他察看苗情时，发现村东北的小麦地开始有蚜虫发生，马上让老支书王怀义广播。科技小院的屋顶支了一个喇叭，广播的时候，全村都可以听得见，他们称为科技广播。黄志坚的普通话不标准，带着浓郁的南方口音，所以科技广播都交给村里的王怀义老先生。"我是村里第一个发现蚜虫的，当时内心即紧张又激动。但因为防治及时，村里没有出现蚜虫危害的情况。"黄志坚笑了笑，语言中洋溢着自豪感。到了 5 月份，因为降雨频繁，田间温湿度都增高了，地里可能会出现白粉病。所以，当发现地里的小麦叶子上有零星的白色一片时，他整个神经都绷紧了：是不是白粉病？——他真怕他精心呵护的小麦会出什么问题。于是，黄志坚就去找田间学校的学员、村里种植能手王俊山鉴定。"'哎呀，志坚，我看你这个不对，这个应该是鸟屎。'我真没见过白粉病，但我们要先把农民当老师嘛，发现问题就想着请教。"黄志坚模仿着王俊山当时的语气，想起当时稚嫩的自己，不禁大笑起来。

6 月麦黄，沉沉的麦穗缀满枝头；风吹麦浪，扑面而来是丰收的气息。王庄的示范方迎来了实打实收的现场测产大会。当收割机走过小麦地时，除了麦穗，也把黄志坚的心收走了。紧张，很紧张……

"老师，小麦的测产结果出来了，660 公斤，12.5 个水分，符合国家

标准。"双手因为激动而颤抖，黄志坚在信息收件人选择了"张宏彦老师""牛新胜老师"，又检查了两遍，点击了发送。

660公斤，比王庄500公斤左右的产量水平整整提高了30%，也刷新了曲周县历史最高产量纪录，他在王庄科技小院的第1仗打赢了。到了第2年，村里80%的地块都用上小院的技术，新华社也对此进行报道，王庄科技小院真正得到了社会的认可。

技术上获得认可，黄志坚在村民心里的形象也越来越高大。小院是对外开放的，猫猫在午饭后的这段时间，会很忙碌地汪汪叫，提醒他有人来访。慢慢地村里的家长里短、关系网分布也被他了然心中。黄志坚开始融入村民的生活，他想了解中国这个群体的日常，理解他们的所感所想，同时，也力所能及地为他们做一些帮助或者引导。小学老师石老师因为职称评定，不会网络操作，非常着急地找到他，忙活了一个星期终于搞定了；王红云的儿子向聪因为高考失利，在复读和三本院校之间徘徊，非常迷茫。认真分析利弊后，黄志坚鼓励他复读，并且提供了学习方法以及报考志愿的建议，1年后，向聪如愿地考上本科，现在已经是西安电子科技大学通信与信息系统专业的硕士研究生。此外，为了让大家丰富农闲生活，在中秋节时，他组织了王庄第一届中秋晚会，虽然当晚下着小雨，但500多人仍然把会场围得密密麻麻，不时传来欢声笑语，其乐融融。因为这是这么多年来，王庄第一次举办的中秋晚会。

村民感受到了黄志坚的真诚，也更愿意亲近小院。在小院的扶持下，村里合作社给社员统购肥料、发放补贴、尝试面条深加工和推广富锌小麦品牌等，一步一步地踏实发展。合作社也越办越红火，到了年底，还被评为了市级示范合作社。

2012年1月，曲周县四疃镇党委书记李书军找到了黄志坚和王庄的村委班子。当时大学生村官已经是很普遍的现象了，村干部向镇委请示，希望黄志坚作为村支书的候选人。作为上级领导，李书军书记对科技小院一年来的工作表示赞赏，也希望他继续支持王庄发展。所以，在村支部换届大会上，他高票当选新一届的村党支部书记。"我当时得了最高票数110

票。是正的，不是副书记，还是公开选拔的。"黄志坚自信地说。可能对于某些人来说，这份荣誉不值一提，但对于黄志坚来说，这是一份认可，是村民对他的认可，王庄对他的认可。

扬帆起航，追寻人生新方向

人不会无缘无故地堕落，也不会无缘无故地成长。从脆弱敏感的个性，到独自创办王庄科技小院；从抗拒王庄，到融入骨子里，成为自己的第二个故乡；从村民开始的不解，到当选为村支书，获得大家的点赞认可。黄志坚终于明白了李晓林老师当初的那番话："你现在是一个人一个战场，王庄都是你发挥的天地，以后的王庄都是你的。"王庄真实地记录了他的成长，留下了他的汗水。他的故事也注定被他称为"大哥"的王怀义口中，在以后的小院学生里，一代一代地传诵着。

2年的小院生活，或大或小的事情不断地发生着，兵来将挡，水来土掩，黄志坚认真地面对问题，用心地解决问题，到毕业的时候，那个坐车15分钟就会晕车，不敢离家的少年，已经培养了独立真诚自信的人格。有什么地方不敢去的呢？离乡别井，在小院待了2年，发表了文章，也完成了自己的硕士论文；有什么事情不敢接的呢？一个人创建一个小院，一步一个脚印，也获得了大家的认同和掌声。生而为人，心存善良之际，就是要获得一份自己认可的经历和体会。

带着这样的闯劲，他毕业后到北京的中国化工报社《农资导报》做农业类的记者和编辑。东至黑龙江双鸭山，西至南疆阿拉尔，北至内蒙古乌兰察布，以及全国大大小小的许多地方都留下了他的足迹，他更全面地了解全国的农业、农村和农民现状。2年的小院生活，结合3年的传媒经历，让他对农业热点非常敏感，别人参加一个活动，一般只出一个稿件，他最多的时候可以出6个，稿件的质量也获得了报社的认可，多次评为优等稿。但对于他来说，待在农业的上游种植端，却不明白为何农产品会滞销，下游发生什么事了呢？于是，他入职上海的一家创业公司，探索"互联网+生鲜"的新零售领域，想了解大城市的消费者是如何购买农产品的。获取

第一手经验后，如今他到了一家农业上市公司——深圳诺普信农化股份有限公司，扎根在火龙果种植行业，进行高产高效技术的集成与推广。

从进入小院到毕业后进入社会，前后将近10年的生活时间里，每当思考活着的意义时，黄志坚都会想起这句中国农业大学的校训——解民生之多艰，育天下之英才。在小院的时候，他通过自己的努力，为王庄村民带去了科学的种植技术，自己也获得了蜕变与成长。那么在社会上，他应该如何为自己的人生定位呢？黄志坚为此思考了很久，也得出了自己的答案：活着就是谋求一份有意思的经历。如果在这个过程中，能够帮助别人，利用自己所学的知识推动社会进步，哪怕只有一点点，那便是极好的。

这，才是他想要的人生。

王庄科技小院揭牌仪式　　　　　　　　黄志坚在进行农户调研

科技小院：他在这里启航

——刘世昌

人物简介：刘世昌，男，1987 年 3 月生，山东日
照人，中国农业大学植物营养学专业硕士研究生，
2010—2012 年在河北曲周相公庄科技小院。2012 年 7
月至 2014 年 10 月，在中国农大-新洋丰新型肥料研发
中心从事产品研发。2014 年 10 月至 2018 年 7 月，担
任新洋丰新型肥料研发中心副部长、技术推广部副部
长、技术带头人。2018 年 4 月至今，在中化 MAP 技
术支持部研究作物营养方向。

第一个任务：在相公庄住下来

在 2010 年 5 月份，刚入学没多久的刘世昌和另外一个同学方杰拥有了研究生阶段的第一个战场——槐桥乡特色林果产业基地。

2010 年 5 月 23 日，当刘世昌入住到以苹果种植为主的相公庄村的时候，他的导师李晓林老师给他布置了第一个也是令他印象深刻的任务：在开学之前只要能够在村里住下，不被村民赶出来就行。刚接到这个消息的他有些差异，因为他感觉这是个再简单不过的任务，然而当他在村子里真正住下的时候才发现事情没有那么简单。想要完成这个任务，一方面，需要得到果农的认可；另一方面，住下来是老师制定的最低要求，而老师却没有规定任务的上限。无论如何，这对于刘世昌来说是一个很大的挑战。

条件虽然艰苦，但是刘世昌的工作还是要正常的开展，因为刘世昌心中怀揣着梦想，不仅要在相公庄好好地住下来，还要把工作做好。为此，刘世昌专门跟随村里的 3 位"土"专家学习苹果知识，绘制了相公庄村的苹果生产分布图，设计调查问卷调查了解农民的种植习惯，开展苹果种植知识的科技培训，跑遍了全乡 28 个村，调查了当前槐桥乡产业结构情况。1 个半月的时间，村里村干部和村民看到刘世昌认真的态度，也开始对这个北京来的小伙子刮目相看。在 2010 年 8 月份他终于搬进了自己的科技小院，开展苹果的双高示范工作。这时刘世昌意识到李老师这个任务真的不简单，不仅是住下来不简单，住下来做好双高示范工作还有很多挑战。但也正是因为李老师这个没有约束的任务，让刘世昌放开手脚，各项双高示范工作开始在林果双高示范基地全面开展。

请来 10 万头壁蜂帮果树授粉

2010 年 4 月 18 日下午，槐桥乡相公庄村科技小院的会议室里，李晓林教授特地从山东农业大学邀请国家苹果体系专家姜远茂老师来曲周双高基地参观，并解决实际生产问题。第一次来到槐桥乡相公庄村的苹果园中，很多的果农都围上来问姜远茂老师苹果生产的问题。当说到苹果质量的问题时，果农刘恩从一个袋子里专门拿出 2 个当地生产的苹果让姜远茂老师尝一尝，并且说："姜老师你尝一尝，苹果特别甜。"苹果一拿出来，光看着苹果的外形姜老师便说道："苹果甜不甜不知道，但一眼就知道你的苹果授粉不好，不信你掰开苹果看看那个苹果凹陷的地方肯定没有种子。"其他农民还不信，掰开一看，其他长得比较均匀的地方真是都露出了黑色的苹果种子，唯独那部分凹陷的地方没有种子。也是这样的一个小举动暴露了相公庄村苹果种植的致命问题：该地区基本没有采取授粉措施，因此出现苹果坐果率低、果实歪果率高的现象。

相公庄科技小院

农民支持

针对这个问题的解决办法，姜老师提出了山东省已经采用 20 多年的壁蜂授粉技术，省工省钱。效果很好。由于对技术的不熟悉，果农们存在着诸多疑惑。果农张宝山说："壁蜂就是蜜蜂吧？那东西怎么养啊？效果怎么样？"旁边的果农刘恩紧接着说道："估计那玩意不怎么样，要不也种了20 多年的苹果了，怎么从来没听说过有这样的方式对苹果进行授粉，如果授粉效果好，那肯定早就听说过了。"姜老师听到大家的疑惑，开始耐心地为大家详细讲解。这也是曲周的果农第一次接受壁蜂授粉这个词，听完了姜老师的介绍，他们决定先尝试一下。

刘世昌通过培训为农民讲解壁蜂释放、应用方法，通过田间指导来保障壁蜂释放成功，又通过统一的宣传回收壁蜂，整个过程一条龙服务，保

证了壁蜂授粉技术应用起到最好的效果。经过培训，农民亲自感受到了壁蜂授粉技术的效果，这让他们格外兴奋。果农张景良整天待在地里观察授粉情况，他说："这真和世昌他们说的一样，看效果肯定差不了，这小东西帮大忙了。"

壁蜂授粉技术也是相公庄科技小院双高系列技术研究的开始，刘世昌带领团队陆续又引进了起垄覆草、种草、反光膜着色等10项技术应用于解决相公庄苹果管理存在的问题，这些技术都是在专家们的指导和帮助下引进应用的，农民认可这些技术，因为从这些科学的技术中看到了效果：提高了苹果的产量和质量。

论文过不过，农民说了算

在刘世昌准备开题，准备试验布置的过程中，张宏彦老师提出了新要求：他不仅要通过学校的答辩，更要通过农民的答辩。通过学校的答辩要求论文框架设计合理，论文数据来源可靠；通过农民的答辩，要求解决农民实际生产问题，让农民满意才行。这样就增加了刘世昌的科研压力与动力。

通过刘世昌团队的长期努力，采用的一系列技术都在不同程度上取得了可喜的成果。数据显示，壁蜂授粉技术与自然授粉相比，提高花序坐果率11%，技术应用的15户平均封口率为52%，说明壁蜂授粉技术当年即可以应用；通过试验发现，壁蜂授粉技术有利于改善果形，果形指数大于0.8的果实比例与传统授粉相比提高了7%；同时，壁蜂授粉技术不仅降低劳动力成本，而且投资成本低。也是这一系列看得到的效果，让当地农户真心实意地认可了他的工作。

那些同学，那些老乡

虽然已经毕业，科技小院的同学各奔前程，寻找自己的方向，但从科技小院出来的同学之间的感情仿佛是一个巨大的网，无论相隔多远，大家的心都紧紧相连。那段一起奋斗走过的路程，刘世昌永远铭记，同学们之间仿佛是在一起并肩作战过的战友，坚韧而温暖。刘世昌曾和科技小院毕业的同学待在那个简单朴素的科技小院里奋斗过 2 年，一起憧憬过自己的事业。

喜气洋洋一家人

小院外的路继续前行

刘世昌毕业后，先后在湖北新洋丰研发中心和中化 MAP 技术支持中心开展工作。工作后面临的任务更大，压力更大，但是得益于科技小院的锻炼和学习，让他能够更加圆满地完成工作任务；同时，由于在科技小院形成的良好习惯，使他在学习和创新能力方面相比普通硕士生更有优势。

小院是梦想开始的地方。基于科技小院的历练让刘世昌在目前的工作中受益匪浅。科技小院教会刘世昌的是学习方法和生产经验，这些是他进一步提升的基础，更是深入工作的开始。新的工作有更多的挑战，刘世昌带着在小院收获的知识与经验更快地融入工作中。

科技小院的经历是他人生难得的一段经历，虽然这段时光已经过去，他将以发展的眼光看待未来的工作。同时，刘世昌依托小院精神，一步一

个脚印地继续勇往直前。

继续前行

在小院中成长

——刘瑞丽

　　人物简介：刘瑞丽，女，1988 年生，河南省禹州市人，本科毕业于河南农业大学。2010 年 6 月入驻全国第一个科技小院——白寨科技小院。2011 年 4 月与高超男、贡婷婷联合曲周县范李庄村妇女带头人王九菊开辟全国第一个针对农村妇女的科技小院——"三八"科技小院，服务周边多个村庄，开展科技培训，开办妇女田间学校、识字班，举办母亲节、中秋节晚会等。2012 年考取中国农业大学博士研究生，开展小麦-玉米养分管理研究。2017 年毕业后就职于大北农绿色农华作物科技有限公司，从事水溶肥产品的研发、培训等工作。

本科就读于河南农业大学的刘瑞丽当年考研成绩并不理想,只比中国农业大学农学类复试分数线高出 3 分,所以要想留在中国农业院校的最高学府,她只有选择成为一名专业硕士,入驻位于农村的科技小院完成硕士学习。却没想到,当初有点不那么情愿的选择,竟让她受益匪浅,从一个腼腆的小姑娘成长为泼辣女将,收获了一群志同道合的朋友。

小院来了个小黑妞

2010 年 6 月 15 日,辗转火车、公交车、大巴车、出租车后,经过夏日暴晒而变得黝黑的刘瑞丽,第一次来到了曲周,踏进了科技小院的大门,见到了有过一面之缘的张宏彦老师、手拿锅铲的王冲老师、个儿不高却自带威严的雷友师兄、比她更黝黑的曹国鑫师兄、看似文弱却很坚韧的汪菁梦师姐、本科校友高超男以及其他一些将要一起奋战的小伙伴们,开始了属于她的科技小院之旅。

时值小麦抢收、玉米抢种的季节,来不及休息的刘瑞丽开始加入了忙碌的大军,与高超男一起将从示范村和对照村采集的小麦样品进行脱粒、称量,以便计算产量。这项看似简单的工作,前后持续了 1 个月才完成,样品编号最终停留在了 838!正是这 1 个月的工作,使她在博士研究生期间能够有条不紊地完成试验地的各项测产工作,也正是这 1 个月的工作,使她成了大家口中的"小黑妞"。

谁还没有摔过车

电动车是科技小院的主要出行工具,因此每个学生都必须学。如果会骑自行车的话,学起来就会简单得多,刘瑞丽只用了不到 1 个小时就能比较熟练地骑行,这让她确实有点小自豪,也可能正是因为这点小自豪,让她很快就迎来了第一摔。汪菁梦师姐的硕士论文做的是玉米的"大配方,小调整",在不同村有 14 块试验地,因为每块地播种时间不一样,需要每天查看玉米长势,判断是否到了取样期。小麦脱粒工作完成时恰好到了玉米的第一个取样期,6 叶期,刘瑞丽自动请缨加入了师姐的工作。她发现,师姐到地里后没有数叶片,而是在玉米叶子上摸了摸就判断出是否到了 6

叶期了。原来呀，玉米叶片紧挨茎秆的地方叫作"叶舌"，只有叶片完全展开后才会出现。从第 6 片展开叶开始，玉米叶片上开始有很多绒毛，摸起来很粗糙，而之前的叶片是没有的，摸起来很光滑。掌握这个特点后，就不怕下部叶片损坏而无法正确判断玉米取样期了。

学到了这点重要的生产知识，刘瑞丽很是开心，于是就自告奋勇地要骑车载师姐回去。骑着电动车飞驰在夏日的乡村小路上，凉爽的风从耳边吹过，所有的疲惫都随之飘散，这是多么的享受，让人有点忘乎所以。此时因下雨而变得有点泥泞的小路跟她们来了个亲密接触，汪菁梦的腿上留下了几处红肿，刘瑞丽的胳膊肘破了点皮。从泥坑中挣扎着爬起来的两个姑娘，看着对方的模样，竟哈哈大笑起来。这一摔后，刘瑞丽骑车多了一份小心，车技越来越好，就算是走在县城的路上也完全没问题。作为科技小院的学生，就要有从哪里跌倒就从哪里站起来的精神，要一直勇往直前！

冬季大培训

在小院的学前教育期间，除了天天下地查看作物长势、及时发现问题外，还要把发现的问题及时传递给农户，这样才能真正地帮助农民发现问题、解决问题。所以小院学生的另一项必备技能就是技术培训，将科学种田技术传递给农民，变治为防。看着雷友、曹国鑫等能够在村民面前侃侃而谈，将知识变为通俗的语言传递给农民，听着农民对他们的声声赞美，刘瑞丽多么希望自己也能成为他们中的一员呀。终于，机会来了：科技小院师生联合曲周农牧局趁着冬季农闲在全县开展技术培训（2010 年冬季大培训）。刘瑞丽先是跟着老师学习了 1 天，第 2 天时第 1 次作为培训老师讲解测土配方施肥技术，这一次她讲了 10 分钟，并让同学录了音。回去对着 PPT 听着录音查找自己的不足，第 2 次讲了 20 分钟，之后继续对着 PPT 听着录音查找不足。经过 3 天锻炼后，她已能做到不看 PPT、拿着一个肥料袋子讲解 30 分钟，甚至更长。后来，小院展板的讲解、工作 PPT 的汇报等，她都会用类似的方法来尽力做好。在小院进行的这项锻炼，在她今后工作中也发挥了重要作用。2018 年 1 月 5 日是个周五，早上刚到公司后刘瑞丽就接到一项紧急工作：为周六来公司参观学习的甜菜种植人员做一

场 1 小时左右的水肥一体化技术培训！这对于刘瑞丽来说着实有点难度，因为她自己在水肥一体化方面还是一只菜鸟。但公司又没有其他人选，她只能硬着头皮上。经过周五一天的突击学习，她顺利并且比较好地完成了这项工作。后来听同事说，领导把这项任务交给她的时候是有人提出异议的，担心她完成不了，没想到最后的效果还不错，这都得益于她在科技小院得到的锻炼。

"三八"科技小院

2010 年与刘瑞丽一起新加入曲周科技小院工作的学生有 7 个，4 个男生和 3 个女生（高超男、贡婷婷、刘瑞丽），他们被称为"曲周七子"。2011 年正月十五回到小院时，男生们都已经有了自己要独立负责的小院，而女生们则是跟着男生们工作，这让 3 个女生有些许的不服气。在范李庄村有个妇女带头人叫王九菊，她心中也有点不服气，因为他们村的支书因为工作忙不过来，准备把科技小院的示范方搁置下来。不服气的女学生和不服气的妇女带头人一合计，就成立了属于她们的小院：在王九菊的家中建一个科技小院，取名"三八"科技小院。这个名字有两层含义：一是这个小院的主要人员是妇女。在驻村期间小院的学生发现，在田间地头劳作的有 50% 以上都是妇女，家里的男士大多外出或者就近打工挣钱，且她们的文化水平普遍较低，学习科学技术比较难。因此就建立了这个针对农村妇女的小院，根据她们的文化水平形成一套独特的培训方法；另一个就是这个小院的负责人是 3 个"80"后姑娘。这个小院成立后，在原有的技术培训基础上 3 个女学生又探索了其他方法：①识字班。根据作物的生育进程，将可能出现的病虫害及有效药的名字教给她们，让她们能够准确买到有用的药。还教她们写自己的名字，这样既能传播知识也能拉近她们与学生之间的距离。②母亲节晚会。农村的孩子普遍比较娇羞，不善于向父母表达感情，通过这个活动，鼓励孩子们以不同的方式表达他们的感情——有画画的，有写信的，有唱歌的，有跳舞的。当孩子们和他们的妈妈相拥的那一刻，3 个"80 后"姑娘也流下了幸福的眼泪。这个活动一直在"三八"科技小院延续。后来，这些孩子有的会给父母端茶倒水，有的会在父母生日的时候为他们洗脚，这些都是意外的收获。到目前为止，"三八"科技小院已经延续了9代，后面的学生先后开设了舞蹈班，帮助妇女强身健体，提高她们的幸福感；还办了织布等手工，为她们创造财富。小院工作还得到了县妇联、省妇联等的关注。

在农业道路上继续前行

2017年6月份毕业后，刘瑞丽顺利应聘到了大北农旗下子公司——北京绿色农华作物科技有限公司，担任新型肥料中心技术主管一职，主要从事水溶肥产品的研发、技术培训、实验室建设等方面的工作。目前，她已独立研发出多个新产品，协助完成了公司产品标准的制定和工厂品控部的建设。相信在科技小院经过多年锻炼的她会有更出色的成绩！

初到小院

2010年冬季大培训

"三八"科技小院

2011年母亲节晚会

扎根生产一线，探索农业发展

——伍大利

　　人物简介：伍大利，男，1987年1月生，四川凉山州人，2011—2017年驻扎在吉林省梨树县梨树科技小院，主要从事玉米养分资源高效管理及滴灌施肥技术研究。驻扎小院6年以来，伍大利挂职担任梨树县农业技术推广总站站长助理，并组织了55个农民合作社成立了梨树县博力丰农民专业合作社联合社，担任理事长。开展土地规模化经营的探索，培训农民及农场主11 000人次以上，推动了10 000余公顷面积的玉米高产高效技术的应用。他在农村将科学研究与技术应用推广相结合，以第一作者发表SCI文章1篇。研究生期间获得过研究生国家奖学金、中国农业大学社会服务奖学金、"惠泽'三农'"杰出贡献奖、学业一等奖学金、梨树县农业突出贡献奖、梨树县十大杰出青年等20项奖励及荣誉。

理论与实践相结合，高产技术推广见成效

2011 年，伍大利来到梨树开展玉米高产高效滴灌水肥一体化技术以及沙土地玉米缺锌矫正措施研究与推广。在科学研究的同时，他理论与实践相结合，积极寻找滴灌水溶肥厂家（深圳溉朴农业科技有限公司）、滴灌设备厂家（大禹节水集团股份有限公司）以及当地农业推广站共同开展梨树滴灌施肥技术的示范推广，指导和带动了 20 余名科技示范户，2 000 余亩的示范田获得了高产（产量增加 30% 以上）。他利用科技小院的服务平台，组织开展相关技术培训和指导，推动了该项技术在更大范围内传播，形成了以点带面的巨大影响。由于伍大利在社会服务及技术推广工作上的突出表现，2011—2017 年，他被聘为梨树县农业技术推广总站站长助理及梨树镇乡长科技助理，协助开展梨树县玉米高产高效竞赛活动，通过调研、培训、服务指导等多种方式服务全县科技农民。他参与指导的科技农民，在全县的玉米高产竞赛及全省的玉米高产竞赛中名列前茅，比普通农户增产 30%～40%。自己的科学试验田和农户示范田产量也常常突破吨粮田的纪录。

2012 年东北黏虫大暴发，造成了大面积减产。但在梨树县，由于伍大利及小院的其他同学长期走访奔波于全县各个乡镇及各个科技示范户之间，长期处在生产一线，在第一时间发现了该灾情，并组织小院的同学一起考察。在考察当天连夜完成了考察报告后，以小院日志及紧急灾情汇报材料的方式，将全县各乡镇的灾情情况迅速形成材料汇报给了县领导，为全县及时采取措施开展全县"虫口夺粮"行动取得了先机，将这次虫灾对全县粮食的减产程度降到了最低，为当年梨树的丰收做出了巨大贡献。因此，2012 年 9 月 3 日，吉林省梨树县农业局局长孙德智、党委书记张忠宏一行人来到中国农业大学梨树实验站，把一面写着："虫口夺粮·功不可没"的锦旗送到农大师生手中，感谢他们在梨树县二代黏虫防治工作中所做出的突出贡献。由于这些扎根生产一线做技术服务，帮助农民创丰收的

事迹，他被多家媒体报道，如《农民日报》《四平日报》《央视新闻》《吉林新闻》等。并连续 6 年获得了梨树县的农业突出贡献奖，获得了研究生国家奖学金、中国农业大学的社会服务奖学金、惠泽三农杰出贡献奖、优秀毕业生等 20 项奖励及荣誉。

媒体报道　　　　　　　　　　　　　　百姓信任

成立合作社联合社，探索土地规模化经营模式

随着研究的深入、技术推广经验的增加，伍大利慢慢认识到，随着社会经济的发展，农业技术的大面积推广离不开机械化和土地规模化的发展，并使技术达到统一化、标准化。但农业人口不断往城市迁移，大量农民外出务工，要提高生产效率降低生产成本，就要适度将零散的土地集中起来，而国家鼓励的合作社及家庭农场的经营模式就是一种比较好的可以扩大规模、并使技术到达统一的方式。因此，从 2013 年开始，在中国农业大学在小宽西河及三棵树村建立的科技小院的基础上，伍大利带领科技小院的同学与老师一起参与到了全县的"三个方式转变"的工作——宣传免耕栽培模式、鼓励合作社采用规模化种植、进行免费技术培训和指导。并同时参与到了包括 30 余个合作社的土地规模化经营的发展推动工作当中。这些合作社基本达到了技术的统一：统一种子、化肥、农药、整地、播种、植保等。技术的统一应用对产量的提高起到了主要的作用。

2013 年底，伍大利组织和集聚了全县 10 个合作社成立了梨树县最早的联合社之一（梨树县博力丰种植农民专业合作社联合社），并担任理事长。联合社主要通过整合高校、政府、企业、金融机构等社会资源，支持家庭农场、合作社、种粮大户及优秀农民，以种植业为主线，形成"良种选择、测土配方、农机服务、田间管理、病虫草害综合防治、粮食收获"整套专业、科学的系统解决方案。联合社发展成员合作社55个（共计农民社员1000余名），辐射面积10000余公顷，联合社作为搭建连接院士、专家和新型农民经营主体之间的桥梁，是先进农业科学技术传播的纽带。截至2016年底，联合社开展的室内新型农民培训152场，累计培训人数6200人次，田间观摩培训55场，累计培训人数4300人次。联合社自成立以来与多家企业有一定的合作关系，并在2015年、2016年协助32个入驻企业（合作社、家庭农场）分别与吉林省农创投资集团开展合作，并从国家开发银行、阿里巴巴（蚂蚁微贷）、领鲜互联网等金融公司获得了土地流转、农机购买等方面的贷款资金1000余万元，促进土地流转2000余公顷，土地托管1500公顷，帮扶了50余个合作社扩大了规模，实现了规范化快速发展。联合社在组织农民开展土地规模化经营、技术推广实践应用方面取得了较为丰富的实践经验。

伍大利在驻扎科技小院梨树期间，通过完成自己的研究，在参与生产实践和探索规模化道路方面做出了很多成绩，为全县土地规模化、技术推广等方面的探索积累了丰富的经验和借鉴模式，得到了农民组织、学校、政府、媒体等多方面的认可，分别被"央视新闻联播""吉林新闻联播"《农民日报》《吉林日报》及《四平日报》等多家媒体报道。并在2016—2017年，被评选为梨树县青年联合会第3届委员会常委，开展技术扶贫、青年创业等相关方面工作。2017年被梨树县人民政府、梨树县青年联合会评为梨树县"十大杰出青年"等。

吉林新闻

被评为梨树县十大杰出青年

在"菠萝的海"和"蕉海"中成长

——张江周

　　人物简介：张江周，男，河北曲周人，中国农业大学植物营养学专业博士研究生，2011—2014年在广东徐闻科技小院开展菠萝养分高效利用研究。2015年至今入驻广西金穗科技小院，开展香蕉养分管理与酸化土壤调控研究，担任广西香蕉育种与栽培工程技术研究中心主任助理一职，目前已累计发表中文文章31篇，2篇SCI论文在投，申请专利6项，编写《菠萝营养与施肥》和《黄土高原苹果高产高效生产技术问答》，2014年6月被评为北京市优秀毕业生、2015年获得广西金穗农业集团有限公司优秀员工、中国现代农业科技小院网络"惠泽'三农'"杰出贡献奖，2015—2018年连续4年获得中国农业大学博士学业奖学金。

初入"菠萝的海"，调研先行

2011 年 7 月份，他来到祖国大陆最南端徐闻县甲村开启了入学前的调研工作。徐闻县享有"菠萝之乡"的美誉，菠萝种植面积占全国近 30%。他来到徐闻科技小院最重要的一项工作就是了解当地菠萝产业的生产现状及生产上的主要限制因子。7 月份正值徐闻最热的时候，太阳炙烤着大地，连村里的小狗都选择在清晨和傍晚出来觅食。但为了了解菠萝的种植情况，他和师兄师姐选择在中午 11 点出门前去农户家调研，因为只有在这个时候农民才会在家，这是当地农民抵御炎热天气长期养成的作息习惯。其实比炎热的天气更可怕的是交流的问题，当地人讲的是雷州话，跟北方话属于不同的语系，听起来比天书还难。好不容易找到几个会说普通话的人也会被他们误认为是查人口，对什么问题都闭口不谈。为了缓解调研遇到的尴尬境地，他在老师的建议下制作了科技小院的工作服，果然很奏效，调研工作变得顺畅了许多，得到了当地菠萝种植的一手资料，为下一步开展工作奠定了基础。

当地种植面积比较大的农户都有自己的一套种植标准，但是他们都不情愿给其他外人分享。张江周和同学们为了能学习到种植大户的种植经验，连续 3 天都到他家去拜访，学生们的诚意打动了他。他把种植经验倾囊相授，并把比较先进的施肥器具展示给学生们。有了这次倾囊相授，张江周发现在种植大户的种植理念中很多方面是值得改进的。

找准生产问题，聚焦水分管理

通过调研，发现徐闻县紧邻琼州海峡，但季节性干旱非常严重。缺水是限制菠萝高产和养分高效的重要因子。当地农民为了获得更大的收益，肥料投入量严重超过需求量，肥料利用率极低。他与同学引进了菠萝滴灌施肥技术，面对新引进的技术，且安装管道需要投入一些资金，当地农民存在极强的排斥心理。为了打消农民心中的顾虑，他跟农民保证，如果采用滴灌施肥技术造成菠萝减产,所带来的损失由他们来承担。此时,农民才半信半疑地开始尝试这项技术,他与同学亲自安装管道和滴带及菠萝整个生育期施肥。2013 年 4 月份,菠萝滴灌施肥取得非常好的效果,采用滴灌施肥技术产量提高了 39%,收益提高 92%,平均氮、磷、钾利用率提高 22%。通过这次田间试验,农民认识到水分在菠萝生产中的重要性,在菠萝生长的关键时期,他们也开始给菠萝浇水。

为了能把研究成果"零距离"地传播到农民的手中,他们通过开办"农民田间学校"、组织多场农民培训会和现场观摩会,让农民学会科学施肥,科学种田。参加培训和田间观摩会的农民已达 500 余人次,影响到曲界镇、前山镇、下洋镇等徐闻县菠萝种植区域的种植大户和农民,为推动徐闻县菠萝产业的发展做出了贡献。

张江周在科技小院的主要工作

2014年北京市优秀毕业生

发表的文章与撰写的专著

从菠萝转向香蕉,开始了蕉海遨游

2014 年 6 月,张江周顺利地完成了硕士论文,取得了硕士学位。当年 9 月份进入博士阶段的学习,本打算继续奋斗在菠萝的战场,李老师的一个电话改变了之前的打算。他由广东徐闻科技小院转战到广西金穗科技小院,研究对象由菠萝转向了香蕉,开始与香蕉的深入"合作"。

说起金穗科技小院,他一点不陌生,每天从日志里看到师兄和同学在

金穗摸爬滚打。也算是从侧面见证了金穗科技小院的发展历程，那时候他只是一个读者或者说是个客人、旁观者。由客人到主人，角色的转变，一切都是那么熟悉，一切又是那么陌生。懂师兄在忙碌什么，不懂师兄到底为什么忙。2015年2月底，他正式进入金穗，开始了与徐闻截然不同的故事，同样经历了无数的第一次。

徐闻科技小院

金穗香蕉种植基地

第一次签劳动合同

2015年3月1日，与张江周一同进入金穗的几个研究生签了人生第一份劳动合同，这跟在徐闻科技小院是最大的不同。在徐闻，吃喝拉撒全部由学生管理，生活节奏由自己控制。这样的环境给了他们无限自由的空间，同时也给了他们不小的挑战，每天必须制订详细的工作计划。在金穗完全不一样，必须按照公司的规章制度办事，每天8点前准时到办公室，开始一天的工作。如果在基地住，就要按照基地的作息时间，早上五六点起床是再正常不过的事情。"自由散漫"惯了，突然有人管了，总觉得浑身不自在，心里老是莫名其妙地紧张。

一纸合同的约束，告诫他必须以最快的速度去适应现在的生活，同时也必须以最快的速度融入公司的文化中。比较庆幸的是，技术部是以农大研究生为班底，减少了中间的一些繁文缛节，直接适应了在团队里的生活。一纸合约，让他们相连；一份合同，拉近了他和金穗的距离；一个签署，拉开了他与金穗科技小院的序幕。

签署劳动合同

第一次当评委

有了之前在小院的经历,虽然生活环境变了,但很快就融入金穗这个大家庭。晚饭后,他们可以到金穗生态园走走,感受现代化农村的那份惬意和宁静,讨论一下第二天的工作计划。这份宁静很快被打破了,2015年4月底,他接到通知参与香蕉护果期 PK 大赛并担任评委。基地的场长和管理员都是有多年种植经验的行家,对于香蕉生产中的每个过程早烂熟于心,而对于他而言,之前看到的都是散户如何进行香蕉管理,而且在他们管理过程中根本就没有抹花这一项工作。况且,他刚来公司不到 2 个月时间,只是从书中和场长嘴里听过什么是抹花,对于如何操作一无所知。

面对这突如其来的"任务",他只能硬着头皮上。还清晰地记着第一次当评委的情形,说实话当时真是比参赛的场长和管理员还紧张。他们每操作一个步骤,他都会跟旁边的韦经理(当时金穗集团技术部副经理)窃窃私语:他们这么做对吗?存在什么问题吗?不知道这样的问题在他嘴里说出了多少遍。同时,他也利用场长和管理员休息的间歇,向他们讨教抹花、套袋等工作的要领与注意事项,不放过任何一次学习的机会。就这样在紧张与不安中完成了评委首秀。在接下来的十几场评判中慢慢变得得心

应手，一眼就能发现他们操作中存在的问题。经过将近两个月的鏖战，这一期的护果期 PK 大赛落下了帷幕。回头看看走过的路，在这个过程中学到了很多生产操作技能，这也算是来金穗之后学习到的第一项技能。这一项技能的掌握，为以后分场工作督查打下了坚实的基础。

第一次主持工作

原来 PK 大赛当评委只是挑战的开始，更大的挑战还在后面排队等候，而且来的是那么悄无声息，没有给他任何的喘息时间。来公司不到半年，师兄被召集回学校写博士毕业论文。他一下子成了金穗科技小院的大师兄，其他的事情自然全部落到他的头上。师兄回北京之前就跟他说了一句话："工程中心的工作安排和几个研究生日常工作就靠他了，在北京写论文期间不要打扰，等我回来再交接你的工作。"My God! 师兄的一句话简直是一枚猝不及防的炸弹，炸得他毫无准备。

工程中心怎么运行，研究生工作怎么安排，这些以前都没有经历过，老师也从没有告诉过他。怎么办？只能迎难而上！师兄回北京之后，他每天除了安排好自己的工作，还要去实验室查看一些测定进展，学着师兄的样子给几个研究生安排一下他们的工作。在刚开始的一段时间里竟然会莫名的担心，唯恐哪些事做得不好，有时候在梦里也会在安排工作中度过。这也是跟在徐闻科技小院最大的不同，他除了管好自己，还好带好团队。这是一个巨大的挑战，同时也是千载难逢接受考验和锻炼的机会。

接手工作之后，第一项挑战就是完成省级工程中心结题工作。省级工程中心建设时间是 2013—2015 年，很庆幸他赶上了筹建的收尾工作。说起结题工作，他无从下手。之前申报、中期答辩都是师兄一手操办的，而且他都没有在场。这种情况下，既不能打扰师兄写论文，又要完成工作。他只能从师兄的电脑中翻开相关材料和工作记录，又从项目部经理处和科技厅拿到一些资料，凭着一腔热情开始了结题工作。原来结题工作需要如此庞杂的材料，如工作总结、技术总结、任务书、人员构成、研究项目、示范推广效益、经费核算等。对于他，每一项工作都是那么新鲜。在整理每一部分材料的时候都要公司很多部门的配合,有时候人家也忙着自己的事情,没时间理会他,他只得来回奔走,抓紧时间寻求他人帮助。其他材料的整理,无论是死磨硬泡还是厚着脸皮求助,总算弄明白了。最难办的是人员构成,想要完成初稿,需要中国农大和广西农科院的双向配合。

历时 3 个月有余,结题的初稿总算完成,而这只是下一步工作的开始。初稿完成了,要拿到南宁市农委和科技厅农村处相关部门进行结题材料初次评估。初生牛犊不怕虎,他凭着"金穗集团"和"农大博士生"这两块金字招牌,穿梭在南宁市农委和科技厅驻处。第一次走进庄严耸立的政府大楼,内心难免有些欣喜和激动,按照楼前的指示找到了相关负责人。他们给出的修改意见是:材料非常充分,需要精简。仅此而已,这么简单的评价是对他总结工作的肯定,心中悬了许久的石头终于落地了,当天晚上睡了最踏实的一觉。2016 年 4 月工程中心顺利通过了验收。

第一次帮助师弟师妹设计试验

与结题工作同时面临着另外一份挑战——帮助师弟师妹们设计试验和修改文章。在此之前,只经历过李老师指导他设计试验和修改文章,从来没有体验过指导别人的滋味。既然老师那么信任他,他也不能辜负老师对他的期望。从一开始就回忆,老师以前是怎么指导他的,怎么把试验设计得更好,怎么让文章写得更好。每次在给师弟师妹设计试验和修改文章之前他都会自己先充电,从网上下载相关方面的研究论文。学着老师指导他的样子,一步一步说给师弟师妹们听。不得不说这个过程很锻炼他,从给师弟师妹改文章的过程中学到了如何站在读者的角度去讲述一个故事,如何用科学的语言去表达一个结果。现在陆陆续续已经完成文章修改 20 多篇,帮助了他们,提升了自己。

这其实只是其中两个挑战,新的更多的挑战正在纷至沓来。还记得第一次面对高层汇报工作时的紧张,还记得第一次当讲师培训新员工的情形,还记得第一次拿到奖金的兴奋与激动,不能忘记第一次做项目答辩时的不知所措,不能忘记第一次接待 200 多人时的无所适从。在与金穗科技

小院相处的 3 年多时间，经历了很多的第一次，正是无数个第一次才让他以后的工作变得得心应手。感谢这个平台，感谢自己的坚持，感谢团队的支持，感谢老师的给予。

不忘初心，继续前行

2011 年加入科技小院，张江周见证了科技小院的发展与壮大。从一个省属院校来到农业最高学府——中国农业大学，科技小院见证了他一步一个脚印成长的历程。8 年的小院生活，是成长的 8 年，是蜕变的 8 年，更是收获的 8 年。即将毕业的他将会继续秉承科技小院的精神，不忘初心，继续前行，科技小院的"特殊"经历将会让他受益终身。

学习抹花

答辩会现场

认真当评委

一个人也精彩

——贾冲

　　人物简介：贾冲，男，1989年3月生，河北邯郸人，2011—2013年曲周县王庄科技小院第二代院长。在他的带领下，2012年王庄村小麦、玉米产量均创下冀南地区之最，并成功将"双高"技术扩散至周边村庄。硕士毕业后，他选择了自己热爱的农业，通过所学知识技能为"三农"服务。在工作的5年里，他发现农业生产中有太多问题需要去研究、去解决。为更好地造福"三农"，他于2018年秋再次考入中国农业大学植物营养专业，攻读博士研究生学位。

缘定曲周，委以重任

初春的北京乍暖还寒，贾冲带着暖洋洋的心情来到中国农业大学参加2011级硕士入学复试考试。领着贾冲来到李老师办公室的陈范俊老师说道："贾冲家是邯郸的，他去曲周肯定合适。"2011年6月24日本科毕业，贾冲到达曲周开启研究生学业生涯。在白寨小院、后老营小院锻炼1个月后。经综合考量，老师们计划派贾冲进驻王庄科技小院。

早在1978年，王庄村已与农大结缘。经过老一辈农大科学家们地艰苦奋斗，王庄村旧貌换新颜，告别吃不饱饭的日子。王庄村土壤经过治理后持续进行秸秆还田，培肥土壤。产量比附近村庄都要高，村民们都很骄傲。但是进入21世纪以来，产量一直徘徊不前。老支书代表村民把农大人请回来，建立科技小院。村民们的期待很高，所有人都在等待突破的出现。黄志坚已经在王庄成功打下江山。贾冲能否守住这来之不易的成功，在这基础上让王庄更进一步，显然是一份重任。

重任在身，一战功成

2011年7月28日，贾冲进驻王庄村，于2012年上任王庄科技小院第二代院长。有了第一任院长黄志坚打下的基础，贾冲开展起来工作方向更加明确。2011年，科技小院在王俊山地里小麦产量专家测产600多公斤，实际已经突破650公斤，一年的成果足够振奋人心。但在村中并没有引起绝对的轰动。春季水肥管理是王庄小麦实现高产的管理重心。2012年整个春天，贾冲每天从日出忙到天黑，全村3 000亩地的麦苗数个遍。贾冲使尽浑身解数，最终让王俊山完全执行"双高"技术。

2011年6月13日，在国内5名权威小麦栽培专家、中央电视台的见证下，测产结果定格在653公斤。2011—2012年，冬小麦示范方内平均亩产564公斤/亩，方外平均亩产478公斤/亩，外村平均亩产458公斤/亩，方内较方外增产18.0%；王庄村方内较外村增产23.1%。2012年，夏季玉米方内平均708公斤/亩，方内最高产940公斤/亩，方外平均

670 公斤/亩，外村平均 590 公斤/亩；方内较方外增产 16.6%，王庄村方内较外村增产 20.0%。

接受央视采访   田间指导

一年内同时创造冀南地区小麦-玉米最高产纪录。王庄科技小院的工作得到了村民和当地政府的大力认可。

一战功成！王庄科技小院的基础彻彻底底夯实了。

练好内功，职场翱翔

回忆起在科技小院的那段日子，贾冲总是充满骄傲与感激。贾冲一个人在王庄科技小院，从个人品质、科研内功、组织策划和为人处世、言语表达等各个方面，得到了淋漓尽致的锻炼。

研究生毕业后，他自信满满地走上工作岗位。自 2013 年毕业后，他走遍祖国大江南北，研究作物涵盖绝大多数大田、经济作物。对施肥技术与肥料产品的发展了如指掌。利用所学知识帮助种植户解决生产问题。为企业创造了巨额效益，得到领导的重用，参与、负责公司销售、产品研发等多方面工作，在推进农业现代化建设的道路上乐此不疲。他把这一切都归功于在科技小院打下的坚实基础。

三农赤子心，为梦再深造

贾冲认为科技小院的初衷是因为科学家们研究的技术很难用到农民地

里面去发挥作用。不是因为技术不好，而是因为技术与农民需求匹配度不高。工作了5年后的贾冲更是深悟此理：要想发挥先进技术的巨大威力，必须将技术物化，而产品是技术物化的最优途径。贾冲成功申请的种肥同播配方施肥机专利（实用新型与发明专利），就是他将科学技术物化为产品的典型例子。2018年贾冲踏上了梦寐以求的博士学位攻读之路。一来这是他从小内心深处的渴望；二来他将学到更多本领，为今后他瞄准的高质量新型肥料研究奋斗终生。

贾冲说从小到大遇到的都是特别好的老师，尤其是在中国农业大学认识的老师们。在他和科技小院相遇之前，其他时光好像都是在准备这场相遇。上帝双手呵护他、引领他来到科技小院的怀抱中。科技小院激活和培养了他的"三农"赤子心。让他在这么年轻的岁月里就找到了要为之奋斗一生的方向，很是幸福。贾冲从小就喜欢笑，到了科技小院之后就愈发不可收拾。老师和同学们都很喜欢他的笑，他自己更是喜欢。虽然比很多人要早生笑纹，但他很幸福。因为科技小院教会他脚踏实地，教懂他如何热爱。

他要研究出世界上最好的肥料产品，让地球上每一寸土壤都开花。

祝愿他学有所成，梦想成真。

招待嘉宾

为来访外宾介绍科技小院

不忘初心，再出发

——周珊

　　人物简介：周珊，女，中共党员，1988年生，河南郑州人。毕业后先后工作于中国农业大学与湖北新洋丰肥业股份有限公司共建的新型肥料研发中心、英孚教育、大山外语教育集团，现自主创业。

　　2011年5月作为第3批驻基地的研究生来到曲周县小麦-玉米高产高效示范基地"三八"科技小院，开展高产高效技术研究与示范推广工作。在服务曲周农业发展、农民增产增收工作的同时，以农村妇女面临的农业生产问题为出发点，开展了专业硕士研究生的研究工作。驻基地期间主要担任"三八"科技小院女研究生负责人、中共白寨乡范李庄村支部书记助理、白寨乡鲁新寨小学支教老师，同时担任示范基地的文化活动负责人。获中国农业大学"科研成就奖"、中国农业大学"优秀研究生党员"、中国农业大学资源环境与粮食安全研究中心"科技创新与服务'三农'杰出贡献奖，河北省邯郸市曲周县"十大杰出青年"及北京市"优秀毕业生"等荣誉称号。

第一次与农村的亲密接触

2011 年 5 月 10 日，当时还没毕业的周珊就已经被召唤到河北省邯郸市曲周县——这个与中国农业大学有着 39 年合作历史的地方，这个 2009 年又创辉煌（曲周县-中国农业大学万亩小麦-玉米高产高效示范基地建立）的地方。

刚来的时候，周珊并不适应，她对来到北京上学后的美好想象全部破灭，因为这里没有大城市的繁华，没有种类繁多、营养丰富的菜肴，没有学校图书馆的宁静，没有设备先进的实验室。面对的是广袤的农田和朴实的农民，面对的是冬天里冻坏的水管和寒风凛冽，夏天里的蚊虫肆虐和酷暑难耐。每天下地是她的必修课。

就这样，周珊，一个从小生活在城市的女生生平第一次亲密接触农村、农民的生活，也从此与曲周这片热土结下了不解之缘。

延续三位师姐的事业——产量节节高升

周珊被分配到"三八"科技小院，这个小院是由她的 3 位师姐针对曲周县农村妇女参与粮食生产的现状及存在的现实问题，在"曲周县-中国农业大学高产高效农业技术研究示范基地"白寨乡的范李庄村，利用该村妇女带头人王九菊的农家小院建立的。"三八"科技小院为当地创新集成了高产高效技术，并通过女研究生长期驻扎小院的形式推广高产高效技术，解决了农户特别是农村妇女缺乏获取技术资源途径的问题。针对农村妇女科技文化素质低的问题，为了更好地发挥"三八"科技小院的作用，建立了与科技小院相辅相成的"三八"农民田间学校。它能够实现与农村妇女面对面地沟通，及时有效地解决农村妇女参与粮食生产存在的问题，实现高产高效。

她在驻扎"三八"科技小院期间，组建"双高"技术示范方 2 个，服务范李庄等 3 个村；先后组织村民培训 81 场，培训农民 2 276 人次；组织村级科技文化活动 15 次；常年在田间为农民进行技术指导。帮助当地农户粮食产量增加15%以上，农民年亩均增收400元以上。

创建秧歌队——使农村妇女幸福起来

周珊还利用自己的多才多艺的优势，在小院带领农村妇女成立了舞蹈班和秧歌队，还开展了一系列的文化活动改善她们的精神文化生活，使得她们以更加积极的态度来面对生产和生活，解决她们生产积极性不高的问题。

"三八"科技小院促进了农村妇女的自身发展，带动了农村的综合发展。很多妇女的家庭成员都纷纷表示非常支持她们去参加"三八"科技小院。有的丈夫表示"她们去学知识学新技术后，我们地里的事就不用操心了，就听她们的就行了。"学员的儿子说"我妈自从去小院跳舞后，身体的毛病少多了，心情也好多了，给我们做儿女的省了很多心。"周珊也多次收到村民及村干部送来的诗和感谢信。

在曲周练就十八般武艺

周珊在曲周还担任示范基地文化负责人的角色，她参与组织承办了国际、国内大型参观活动10余次，参与筹办和主持了2011曲周县—中国农业大学双高示范基地中秋科技联谊会、2012曲周县—中国农业大学双高示范基地教师节联谊晚会、中国农业大学资源环境与粮食安全研究中心2012年元旦晚会；组织了示范基地研究生在曲周县"五四"青年节晚会的节目排练和表演；作为评委参加了曲周县名师大讲堂的活动5次；围绕农村妇女的农业生产问题发表文章1篇，在德国杂志发表了1篇关于"三八"科技小院的报道，成功将"三八"科技小院模式推向国际舞台。

她接受过中央电视台、《人民日报》《光明日报》《农民日报》、河北卫视等多家中央和省级媒体采访，作为驻扎在曲周县-中国农业大学万亩双高示范基地"科技小院"的研究生之一，在2012年4月5日的中央电视台新闻联播中出镜并应邀参加了中央电视台农业频道（CCTV-7）《2012粮安天下——"三夏"行动》主题晚会节目录制；2012年7月25日，《中国妇

女报》头版头条对"三八"科技小院进行了报道。

让科技小院在苹果产区遍地开花

周珊毕业后就来到中国农业大学与湖北新洋丰肥业股份有限公司共建的新型肥料研发中心工作，继续发展科技小院的事业。

她在李晓林老师、方杰师兄的带领下，负责湖北新洋丰肥业股份有限公司苹果分公司业务员"科技小院"农化服务模式的技能培训项目，包括公司新入职业务员的系统培训组织，为主要培训讲师之一，并组织编写相关系列培训教材等工作。在苹果产品内建立了13个科技小院，为企业培养出一批优秀的业务人员。

在平凡中收获果实——华丽转身为优秀女教师

由于周珊是家里的独生女，也到了结婚生子的年龄，为了照顾家人的感受，周珊最后回到了平凡生活的轨道上，她与在平度小院相识的彭雪松师兄回到老家郑州成家，生了一个可爱的宝宝，也就此离开了农业之路。

但在科技小院练就的武艺却还在为她保驾护航。周珊在研究生期间由于多次接待外宾，喜欢英语，后在英孚英语学习，凭借她在科技小院锻炼出的学习能力，快速成为英孚教育的高级学习管理顾问。后在郑州本地著名的教育集团大山外语任职为少儿英语老师，在短短的2年多时间，成长为一名备受孩子欢迎和家长认可的优秀老师，先后获得集团"最佳新师奖""最佳教学成果奖""最受欢迎的少儿英语老师"。这一切都得益于她在小院锻炼出来的培训、策划和沟通能力。

不忘初心，再出发——立志为社会做出更大的贡献

周珊并没有止步，科技小院为社会做出更大贡献的初心，及开拓和创新精神都在持续地影响着她。那种单纯贡献不求回报的快乐、与战友们一起开疆辟土的血与汗、那看到理论应用到大地上结出果实的喜悦、你帮助过的人一句发自内心的感谢……这段不一样的青春、不一样的体验都深深

地影响着她。

所以，在她发现所在公司在教育上存在着和她的理念和价值的冲突时，她毅然选择开创自己的事业，实现自己的教育理想和理念，为社会做出更大的贡献。

采样　　　　　　　　　培训　　　　　　　　组建秧歌队

与科技小院的不解之缘

——张晓琳

　　人物简介：张晓琳，女，河南焦作人，2012—2013年驻扎河北曲周"三八"科技小院，通过开展科技培训、"识字班"等活动，提高了妇女的农业生产技能和科学文化水平。负责开展曲周县测土配方施肥整建制推进工作，实现了测土配方施肥技术从点到面地推广，覆盖耕地6 000余亩，组织田间观摩会2场，组织技术培训68场，培训农民2 000余人，荣获科技创新与服务"三农""杰出贡献奖"。毕业后曾就职于中国农业大学—新洋丰新型肥料研发中心、全国科技小院网络办公室，现就职于中国农业大学研究生院培养处。

初到科技小院的困惑

2012 年 3 月 10 日，张晓琳远离了北京大都市的繁华，远离了学校优越的学习生活条件，带着些许的困惑，来到了曲周科技小院。科技小院的生活条件十分艰苦，3 月的曲周依然寒风刺骨，没有暖气，没有热水，结冰的自来水管让日常的生活用水都无法得到保障。这时的她，多次问自己：为什么导师会让自己来到科技小院，自己又能否克服艰苦的条件？但看到已经驻扎在科技小院半年的同学们丝毫没有抱怨，她又在好奇，科技小院是有什么样的魔力，能够让大家保持如此的动力呢？

科技小院里的"第一次"

怀揣着一份好奇心，她在科技小院完成了人生的很多个"第一次"，第一次做饭，第一次开展农民培训，第一次教农民跳舞识字，第一次组织大型会议……科技小院丰富多彩的生活使她很快地忘却了条件的艰苦，而融入了科技小院大家庭。科技小院就像是一个大舞台，让大家可以"大展拳脚"——尽情地施展和发挥自己的才能。在科技小院的经历，使她从内向逐渐变得开朗，从刚开始的毫无经验变得可以独立开展农民培训，独立组织一场大型会议活动。张晓琳得到了全面的锻炼，练就了"十八般武艺"。

接待外宾

"五四"青年节文艺表演

从生产中发现问题，解决问题

在走访曲周县肥料一条街时，张晓琳发现，在这短短二十几米的街上，就有十余个农资店，经营着 20 多个厂家的化肥产品，肥料配方更是五花八门，让人眼花缭乱。面对这么多的肥料产品，农民是否知道自己真正需要的肥料是什么？能否买到真肥料？能否买到自己需要的肥料？带着这些问题，她开展了进一步的农户调研。

"希望农大能多到我们村开展培训，希望农大能帮我们指导一下小麦种植方面的技术知识"，她在调研过程中发现，农民对科学技术的需求远比她想象得更为迫切。曲周县肥料市场配方种类繁多、价格偏高，农户科技素质普遍不高，在施肥过程中重施氮肥、磷肥，轻施钾肥的问题严重。为了解决市场上肥料配方多样导致农民选肥难的问题，在曲周县推广测土配方施肥，并实现测土配方施肥技术从点到面的扩散，可以促进测土配方施肥技术进村入户到田，使农民能够真正用上配方肥。

培训科技农民　　　　　　　　　　　　农民培训

在学科老师的支持下，张晓琳在曲周开展了测土配方施肥整建制推动工作，以科技小院为依托，以曲周县为试点，探索测土配方施肥整建制推动模式。通过在曲周全县主要乡镇、村布点，开展农民培训和试验示范，借助科技农民的带动作用，实现技术的推广扩散，真正将测土配方施肥技术落实到作物，落实到地块，落实到农户。通过 1 年多的努力，测土配方施肥技术得到了曲周农民的一致欢迎。仅 2012 年小麦季，就确定科技农民 38 人，覆盖全县 8 个乡镇、38 个村，开展测土配方施肥技术培训 36 场，培训农民 1 098 人，发放技术规程 600 余份，推广测土配方肥 320 吨，覆盖耕地 6 000 余亩。

不忘初心，砥砺前行

毕业后，张晓琳就职于全国科技小院网络办公室，负责科技小院的日常管理工作。通过对科技小院自成立以来的工作进行系统的总结梳理，她对科技小院有了更深层次的认识，对科技小院专业学位研究生的培养模式有了更深入的思考，也深深地被科技小院老师们勇于奉献和敬业的精神所感染。之后，她进入中国农业大学研究生院，负责专业学位研究生综合改革工作，继续深入探索科技小院专业学位研究生人才培养模式，将科技小院精神发扬光大。

2017 年专业学位研究生实践育人交流表彰会

成长于企业，服务于"三农"

——张涛

人物简介：张涛，男，1989年出生，中共党员。2011—2014年，中国农业大学植物营养学专业硕士研究生。在读期间，参与创建广西金穗科技小院。2014年6月毕业后参加工作。2016年10月，在四川建立龙蟒科技小院，目前已带领40余名大学生在生产一线创新创业。

张涛在科技小院的经历是普通的，也是特别的。普通是在于与大多数人一样，都是扎根在生产一线，产学结合，服务"三农"；特别是在于他有幸加入了生产企业中。这不仅在 2 年的学习阶段影响到了他，而且直至今日使他依然受益匪浅。

不入虎穴，焉得虎子

2012 年 2 月，接到李老师的指令，张涛被安排到广西金穗农业有限公司建立金穗科技小院，这令他既期待又不安。期待是因为终于可以大展拳脚，不安是因为李老师告诉大家，金穗是种植香蕉的国家级龙头企业，技术一流，而张涛还是一个连香蕉是怎么生长都不知道的门外汉，又如何能指导别人呢？会不会去几天就被赶出来呢？一系列的问题在脑海里浮现。

到了金穗公司以后，张涛大开眼界，第一次真正见识了什么是现代农业。简单地概括，就是规模化、标准化、机械化，金穗已经实现了，那安排他来这里建院的目的是什么呢？经过 3 个月的实习，张涛拿到了留在金穗的入场券，这 3 个月的重要工作是表明态度，即他是代表中国农业大学来这里，而不是闹着玩的，是想帮助他们解决问题、为产业发展贡献力量的。这期间，张涛晴时一身汗，雨时一身水，完全把自己扔在了生产一线，与管理员们同吃同住同劳动，终于打动公司，按照员工办理入职。这一阶段是磨炼意志力的过程。

掏鸡粪　　　　　　　　挖剖面　　　　　　　　累得睡着了

但是作为一个研究人员，在企业里仅仅从事体力劳动是不行的，这也并非张涛本意，他需要产学结合，需要去创造价值。所以，张涛在扎根一

线的同时，不断地了解香蕉的生产问题，即什么是限制香蕉生产的主要因素。虽然说香蕉是张涛之前没有接触过的作物品种，但是他对香蕉种植研究的基本思路还是很明确的。按照从中国农业大学和金穗公司学习到的专业的方法，从刚移栽香蕉到香蕉成熟收获，张涛和伙伴们共挖了100多株香蕉，取样、测定、分析，逐步对香蕉营养问题积累了科学的数据。同时，他们还从土壤入手，采用了测土施肥、酸性土壤改良等学科先进技术手段，发现了施肥与香蕉品质等有重要关系的证据，可以说这是在金穗的第2个阶段，即不断地利用专业知识，去揭示生产上的问题，努力解决生产中遇到的问题，并取得了重要进展，为张涛及之后的师弟师妹在金穗继续探索打下了坚实的基础。

采土

采香蕉植株

不仅要揭示问题，还需要做出来证明给人看，否则会被评判为理论派。所以张涛开始了第3阶段的研究，利用积累的数据等科学因子，去争取更高产出的实践认证。李宝深师兄带领张涛及伙伴们酣畅淋漓地大干了一场。大家在浪湾2 500亩的基地里，向董事长申请了近400亩的试验示范地，经过1年的营养调控技术和综合管理后，迎来了喜悦的丰收：400亩试验地所产出的香蕉因其稳定的品质而深受客商青睐，并以0.6元/公斤的价格优势被抢购。消息不胫而走，董事长知道情况后不以为然，特别让场长分别到试验地和对照地采了香蕉样品送到冷库催熟，结果印证了客户的反馈。于是，董事长对张涛及中国农业大学科技小院的同学们刮目相看！

常规香蕉（左）与试验地香蕉（右）

得到客户认可

回想刚到金穗科技小院时的憧憬和离开时的满满收获，张涛感觉自己太幸运。这就像演绎了一个故事，过程跌宕起伏，结局皆大欢喜。在金穗科技小院的2年多，不仅让他对所学专业知识有了更深刻的实践和理解，而且对"三农"问题也有了更直接的认识和思考："国家培养了我们，我们就应该将所学回馈给社会，为中国农业的发展贡献自己的力量。""解民生之多艰，育天下之英才"犹如回声，时常在耳旁回荡。同时，张涛将科技小院的经历方法化，让它成了一种精神力量，鼓舞着他自信地走入了社会。

科技小院方法化，建设美丽新天府

从金穗毕业后，张涛回到了四川。一方面有家乡情结的原因；另一方面他看到了四川农业的现状，希望将所学知识应用于家乡的农业发展。这其中，四川省农业科学院吕世华研究员起了很大的作用。在吕老师多年的指导和熏陶下，张涛有了一个与吕老师共同的梦，就是建立四川美丽新天府！刚回到四川的2年里，陆续地接触到了各地的农业生产现状，了解到了各种生产问题，张涛也进行了多种尝试，都难以满足自己的心愿——较大范围地做出改变。直到2016年9月，张福锁老师到四川考察工作，晚上把张涛和吕老师叫到一起，问张涛对龙蟒建科技小院是否感兴趣。龙蟒是一家大型民营企业，以钛化工和磷化工为主业，这几年因行业产能过剩面临着残酷的市场竞争，公司希望能转型升级，做终端大农业板块，具体到

产品上就是从磷酸一铵等原料延展到复合肥板块，所以希望张老师能给予指导。经过张老师现场考察和交流，双方基本上达成了建立科技小院的共识。在张老师和吕老师的鼓励下，张涛加入了龙蟒集团，因为这不仅关系到张涛个人的发展，更是可以培养更多的农业学生进入农业领域，共筑梦想。从建立龙蟒的第一个科技小院至今已有 2 年时间，张涛带领同事以及小院的同学们先后在四川乐山井研县、成都蒲江县、资阳雁江区、遂宁射洪县、凉山盐源县、重庆万州和忠县等地区建立了 12 个科技小院，从几所农业大学招收学生 40 余名，扎根在生产一线，服务于各地方产业。经过 2 年发展主要取得了如下成绩：①从企业的角度来看，12 个小院完成年销售额 4 000 万元，让公司看到了技术型营销和产品研发的前景，从建立初衷来说，找到了突破红海的方向。②从产业的角度来看，张涛及团队经过不懈努力，在当地的影响力不断提升，团队取得的成果成为当地经济作物科学种植的重要技术支撑。到目前为止，已开展农技服务超过 10 000 场次，覆盖面积 100 万亩。③从社会服务的角度来看，先后进入科技小院平台的大学生和研究生 40 余名，大家扎根一线，创新创业，为社会做出了贡献。

对于现在正在做的事，张涛备感欣慰，看到了更多学农的年轻人愿意投身一线，为"三农"的发展贡献自己的力量，没有什么比这更幸福的事！但路还很长，张涛说自己会一直奋斗下去，建设美丽的新天府！

从懵懂到成熟的蜕变

——蔡永强

　　人物简介：蔡永强，男，中共党员，1989 年生，2015 年毕业于中国农业大学资源与环境学院，获硕士学位。2013—2014 年驻扎在曲周王庄科技小院，从事根际养分调控与全程机械化研究。毕业后主要从事农业技术推广与应用工作。在校期间，曾先后荣获"国家奖学金""优秀党员"和"服务三农"突出贡献奖等荣誉。

与科技小院结缘，深入生产一线

那是 2012 年 7 月，还沉浸在本科毕业聚会与欢送庆典中的蔡永强接到来自中国农业大学张宏彦老师的电话，通知说要提前到学校报到并参加研究生新生学前培训与实践调研工作。"说实话，当时心里是挺不愿意的，因为大学 4 年的师生情和同学情还没好好的道别呢！"蔡永强嘴上虽说着对当时的不满，但从他脸上的笑容可以看出他并没有怨恨之意。

接到通知的蔡永强匆匆订了一张前往北京的火车票，由于太过匆忙还错把无座票当成了硬座票，最后一路站了 16 个多小时来到了北京。在北京经过几天的培训与工作安排后，蔡永强与其他几位新生被分配到去曲周王庄科技小院驻点。

初到小院，负责接待蔡永强等人的是时任王庄科技小院"院长"——贾冲，"当时贾冲师兄骑着一辆破电动车，脸上却洋溢着热情、憨厚、满足的笑容，远远地就喊着我的名字，那一刻确实感染了我，让我的心一下子温暖了许多。"蔡永强对那段回忆还记忆犹新。"当时他身后还站着一位和蔼慈祥的老人，这位老人就是后来在我们驻扎小院的这段时间一直照顾和帮助我们的老支书王怀义老先生，从一开始就对我们衣食住行的各个方面特别关心，时常到小院来嘘寒问暖，好不亲切，如同父亲对子女的关照，也是因为他让我在这里也能切实体会到家一样的温暖。"蔡永强继续回忆道。科技小院里这种对待人和工作的饱满热情与亲人般的关爱，或许就给蔡永强后来长期扎根埋下了种子。

2013—2014 年期间，蔡永强就驻扎在王庄科技小院，并全身心投入农村的生产实践中，定期给当地农民开展各种农民培训，累计培训次数达到 10 余次，累计培训 500 余人次，发展种田能手，让科学种田技术真正应用于生产实践。在此期间，他本人本着谦逊的态度跟当地有着丰富经验的农民学习，从中吸取经验教训，从而不断地进行技术创新。迄今为止，带领并指导当地农民运用 10 余项小麦-玉米高产高效技术，如秸秆深翻整株还田技术、水氮后移技术、玉米晚收技术、精量播种技术、玉米坐水播种技术、小麦宽幅播种技术等；在农业机械方面，引进了玉米高地隙追肥机、玉米小型中耕追肥机、小麦液体注肥机、撒肥机等农业机械，均取得了一定的成效，得到了当地农民的一致认可。

此外，蔡永强还在曲周县政府的委任下担任村支部书记助理，进行挂职锻炼，期间村容村貌等方面都得到了很大改善；同时还曾在四疃镇第二中心学校进行过为期 1 个月的支教活动，支援农村教育，为当地教育事业贡献力量。

践行"双高"技术推广，开创研究生别样培养新模式

为了践行科技小院深入生产一线开展技术创新和推广"双高"种植技术的理念，在张宏彦教授的带领下，蔡永强等一批研究生们率先提出了一个大胆的想法：全程运用成套"双高"种植技术实地开展农业生产实践，一方面开展自身学术研究，另一方面向当地农户展示科技小院"双高"种植技术，可谓是一举多得。

为了实现这一想法，蔡永强从老师那里借了 5 000 元钱作为启动资金，并在老支书王怀义的帮助下成功地在村里租了一块 5 亩左右的耕地，那时正值冬种小麦时节，蔡永强从耕地、购种、施肥、打药、浇水直至最后的收获，全程都是独自一人完成，并采用科技小院一直以来推广与示范的多项"双高"技术，如秸秆深翻还田技术、小麦精量播种技术、一喷三防技术、水氮后移技术等，收到了很好的成效，每亩增收近 400 余元，真正实现了高产与高效。

这样一种研究生培养模式也受到了中央电视台记者的关注，同年蔡永强还受邀接受中央 7 套采访。"当时我真没想到会上中央电视台，我们原本的想法很简单，就是为了把我们的研究与推广相结合。"蔡永强在谈到上中央电视台的感受时说道。自从这种研究生包地种植与研究一体化模式通过媒体报道以后，受到了社会的广泛关注，各高校应用型硕士研究生培养开始纷纷效仿。蔡永强等一批研究生率先采用这种模式进行培养，不仅能够让他们亲身经历和体验种植过程中的各个环节，了解种植细节和种植问

题，培养他们的实践能力和组织能力，同时还能够更加完美地将理论知识应用到田间地头，真正实现将论文写在大地上！

科学种植经验交流

玉米飞防技术观摩

田间科研数据采集

中央电视台记者采访

小院平台学本领，步入企业助发展

——魏素君

　　人物简介：魏素君，女，1989 年生，河南省安阳市人，中共党员，2015 年毕业于中国农业大学。2012—2015 年驻扎在河北省曲周县白寨科技小院，并担任曲周"双高基地"党支部书记。2012 年入住曲周白寨科技小院后，以小农户模式下冬小麦群体差异及其影响因素为研究主题，开展一系列农业服务与社会服务。在校期间，带领党支部荣获校先进党支部和院优秀党支部，个人荣获校三好学生、一等学业奖学金、科研优秀奖学金、校优秀党员、院优秀党员、突出贡献奖等荣誉。现就职于安徽省司尔特肥业股份有限公司，任司尔特公司销售总公司总经理助理。

3 年的科技小院学习，魏素君看到了农民的不易和对种田知识的需求，体会到了作为农大人的责任与担当，科技小院培养了她的"三农"情怀，帮她树立了为"三农"服务的人生价值观。她在老师、同学的支持帮助下在曲周开展农民培训、田间服务，开展一系列文化教育活动，获得了当地农民的一致好评。入职后，因工作认真负责、成绩突出，魏素君得到了公司领导的认可和提拔。

不因喜欢而选择，却因热爱而执着

2015 年 6 月，又是一年毕业季，就业向来被人们视为重要的人生选择之一，而农业这个行业向来被认为是最辛苦的，尤其对于女同学。而她，所有的目标、单位都是和农业相关的。

进入大学，没有了高中生活的压力，顿时轻松了很多，而不喜欢热闹的她，平淡、按部就班地过完了大学 4 年生活。大三的暑假，同学们开始决定是工作还是考研继续深造的时候，即将面临毕业的魏素君也一直在犹豫着，看着周边的同学几乎都加入了考研的大军，她也稀里糊涂地成了其中的一员。

功夫不负有心人，2012 年她正式被中国农业大学录取，之后的 3 年学习生涯将在曲周县白寨科技小院完成。3 年的农业生产一线学习生活，她成长了，成熟了，她战胜了艰苦的生活条件，也看到了农民种田的艰辛。每当解决农户一个小问题，他们满意的笑容就是对她最大的肯定。她常说，被需要是一种很幸福的感觉。

科技小院对不同的人有不同的意义。对魏素君而言，科技小院影响了她的世界观、人生观、价值观，也使她毕业之后仍继续在农业行业里不断奋斗。

做"自己"的销售员

在 2013 年的一次新生汇报会中，王冲老师向大家提出一个问题："作为一名新同学，当把你放到一个小院时你首先要做的是什么？""做规划、做调研……"同学们的回答五花八门。王老师告诉大家："你们说的都是我们要做的，但首先要做到的就是让村里人认识你。"王老师的话一直都印记在她的脑海里。在她工作以后，司尔特公司董事长金国清先生也经常讲，"你想让我注意你，你就必须表现，只有你表现了，我才可能注意到你。"金董事长的话和王冲老师的话时刻提醒她无论何时都要想办法将自己推销出去，这也让她在以后的工作中时刻不忘完善自己，并把最好的自己展现出来。

初入职场是 2015 年 7 月，她在技术中心从事农化服务工作。7 月是北方市场备肥高峰期，到公司参观的客户比较多，给客户进行农化培训的频次也比较高。入职第 3 天，她进行了第一次客户农化培训，客户来自河北，河北市场主要以小麦、玉米为主。3 年的科技小院经历让魏素君积累了丰富的农业生产技术，但为了这入职后的第一次培训，魏素君做了很多课前工作，就是怕不合客户胃口，达不到公司要求。直到培训结束，她受到了客户的一致好评之后，心里的这块石头才放下。之后越来越多地被点名授课，也让魏素君这个名字在公司被人熟知。

司尔特公司 2015 年 11 月在江西区域举办的一场经销商营销峰会被魏素君视为工作中的一次重要机遇。那天来自江西省的经销商和种田大户400 余人到场参加，公司的董事长、总经理也出席了这次活动。会议期间的产品介绍及技术培训，领导点名让她来讲解。江西以种植水稻为主，由于魏素君之前接触水稻内容较少，这一次的会议对她来说是一次很大的挑战。不过在科技小院做培训、做报告的长期训练，使她在接到任务时，轻松地给自己的 PPT 做了整体规划："讲什么，为什么讲，怎么讲"，做好PPT 后又针对互动方式、互动内容、表达方式进行了演练。那天的会议非常顺利，受到了所有客户的一致好评，并被很多客户要去了联系方式。之后的此类会议大家都会看到她的身影，她也因为在工作中认真负责、成绩突出而得到领导的肯定，屡次晋升，由当初的职员晋升为科长、副主任、部门负责人。

砥砺前行，奉献"三农"

于她而言，科技小院是实现人生价值的训练场，也是一种终身受益的精神信仰。在这里你会拥有很多第一次，它会帮你战胜弱点，让你越来越优秀。农业的改变与发展不是一朝一夕，也正是由像他们这样一群怀揣着"三农"梦的人在不断努力，我们的生活才会越来越好。

田间观摩指导　　　　　专家学者来访　　　　　入职后第一场培训

邂逅小院，逐梦"三农"

——余赟

人物简介：余赟，女，1990年出生，重庆万州人，中国农业大学植物营养系2008级本科生、2012级硕士研究生、2017级博士研究生。参与广西金穗科技小院、龙蟒科技小院创建工作，发表科技文章8篇，撰写专著2部，获得2015年北京市优秀毕业生等9项奖励。毕业后加入四川龙蟒集团，任龙蟒农业技术研究院主任一职，开始了对科技小院市场化运营的探索。

"童工"误入农业企业

短暂面试后，李老师同意余赟到科技小院进行实习，并安排到马上就要启动的金穗科技小院。2月20日就跟着老师飞往广西南宁，第一次坐飞机不知道需要人证相符，写错名字还作废了一张机票；2月21日跟着老师、师兄驱车入住隆安那桐金穗集团，分不清路边长的是芭蕉、香蕉还是粉蕉，不敢提问也不能回答；2月22日跟着金穗公司的技术人员在金穗几千亩的香蕉基地里巡查，崎岖不平的路面导致她差点被甩出皮卡车。又凭着矮矮瘦瘦的外形，成为金穗员工口中的"童工"实习生。

融入企业过程并不容易，在金穗科技小院前3个月的日志里并没有记录太多。对正在建设的基地进行土样采集就是那段时间最主要的工作，这确实是他们在那个阶段能做也会做的事情。一早蹭着技术员的摩托车赶到基地，刚深翻过的红壤地土又松又黏，刚走两步，水鞋底下的土就有三五厘米厚，拖着土钻、铁铲、胶桶和塑封袋，从这块地采到另外一块地，就这样完成了金穗公司第一批原始土样采集工作。

忙碌的果园

取土之泥泞路

"硕士"钻入生产问题

随着对香蕉种植与企业生产的逐渐了解，余赟开始能够抓住大家习以为常的各类生产问题进行剖析。在第1年的工作里，她围绕着香蕉养分吸收规律付出了大量心力。重复 10 个月的样品采集，她跟着师兄同事们砍了 150 株香蕉，切割搬运了大概 150 吨的香蕉树体。第一个月采样的时候，一颗香蕉苗大概有一株兰花草大小，拔了就走；到了余赟回校前最后一次采样，香蕉树已经比人高了，因为汗水和香蕉树的汁液混在衣服上没法洗干净，她还特意买了 4 件 10 元体恤，采完就扔。后来这些香蕉树的分析数据，给金穗提供了第一张香蕉养分吸收积累曲线图，也是后面很多年制定施肥方案的基础数据来源。

余赟也开始努力摆脱"童工"的戏称，以硕士研究生的姿态独立地思考问题，积极地采取行动。在专业知识应用方面，开展全司范围内的叶片营养诊断、土壤肥力评价建档、自然灾害发生规律总结等工作；在技术示范推广方面，参与养分综合管理示范基地和酸害综合调控基地的建立。在解决生产问题的基础上，总结提炼形成科技产出，在 1 年的时间内出版 1 部专著，发表 8 篇科学文章，并获得国家奖学金、北京市优秀毕业生的奖励。

得到肯定　　　　　　　　取样现场　　　　　　　　汇报现场

"博士"再入科技小院

科技小院让余赟从一个唯唯诺诺、扭扭捏捏的小姑娘转变成风风火火、妙语连珠的农业从业人员，也让她相信科技小院可以在企业发展、人才培养、农业发展中有更多的可能、更好的未来。2016 年，毕业 1 年后在高新农业企业中从事农艺服务工作的余赟，毅然回到川渝老家，加入四川龙蟒集团，成为四川科技小院农业有限公司第 1 位入职员工，与一大批科技小院研究生、农业院校毕业生开始对科技小院市场化运营进行探索。同

时重新回到母校中国农业大学攻读博士学位，结合农业企业升级转型、农业生产产品技术需求开始了新的学业。

余赟与科技小院的故事，还在继续……

继续前行

既然选择了远方，又何惧风雨兼程

—— 鄢少龙

　　人物简介：鄢少龙，男，中共党员，2015级硕士毕业。2013年，创新性地提出通过线上和线下相结合（O2O）的方式进行农业种植技术推广，并获得邀请在第2届热带亚热带高产高效现代农业国际研讨会上做了专题报告。组织1 500多人的杧果互联网社群，对传统的农技推广模式进行革新，极大地提高了种植技术的推广效率，获得中国农业大学"服务'三农'突出贡献奖"。在三亚进行长达2年半的艰苦基层调研，最终完成《三亚杧果施肥现状》调研报告，总结了杧果高产高效技术规程。现在就职于深圳某文旅地产公司，主要负责土地政策研究、产业规划和项目策划，换一种方式经营土地。

初到崖城

第一次到崖城是在 2012 年的 7 月份左右，当时鄢少龙还没有正式入学，就已经知道要去海南建"科技小院"。经过在五指山农校工作的老师介绍，去到海南最大的杧果种植区——三亚崖城，找到吕钢农资店，开始了他 28 天的入学前的实习生活。初到崖城时，大家见他是中国农业大学的，以为是带着重大科研项目过来的，对鄢少龙照顾有加。吕钢是海南崖城最大国有农场的技术科前科长，鄢少龙希望可以通过吕钢的引荐进入南滨农场，依托南滨国有农场的平台，把科技小院建起来，做大做强。那时候的鄢少龙，虽然有模糊的方向，但不知道具体应该做什么，三亚科技小院会是什么样。鄢少龙当时还没意识到自己会得到怎样的成长，未来会有什么收获，只是来到这里，先了解情况。

初到崖城，略显稚嫩

在吕钢家住了一个多星期后，他把鄢少龙介绍给南滨农场自营办的科长。所谓自营办全称自主经营办公室，主要负责场里数之不尽的橡胶、6 万多亩的杧果、4 万多亩的冬季瓜菜等场属土地的管理。这几年由于海南国有农场体制改革，管理权下放，南滨农场的土地多是出租给承包户，特别是外来种植人员，农场无法约束，别说自主经营，连管理可能也谈不上。由于无法及时适应当地的学习和工作环境，他的暑假实习收获廖廖。于是，他收拾行囊准备回北京上课。

理论学习

学而不思则罔，思而不学则殆。离开海南，鄢少龙就去北京报道了。在北京不仅要学习课本的知识，还需要吸收和传承科技小院的精神。现在由于传统的人才培养模式往往重理论而轻实践，导致农业院校培养的学生对农业生产现状的认识不够深入，因此，很多学生毕业后就跳出"农门"，这不单是农业院校教育资源的浪费，也是农业产业的损失。为了解决这一困局，张福锁老师和李晓林老师在 2009 年正式提出建设的"科技小院"就是希望改变这一现状。这是一种新型研究生培养模式，即在农业生产一线培养未来农业的高级管理人才，让农业院校的学生了解农业，认识农村，理解农民，真真切切感受"三农"问题在时代的滚滚车轮下正在发生怎样的历史性变革。老师们相信真正的乡村振兴会在这一代农大人手中实现。

美国华裔学者黄宗智在《中国的隐形农业革命》提到，目前中国农业正处于三大历史性变迁的交汇处：国家宏观层面上的人口红利消失，农村层面上城镇化进一步提高导致农村劳动力进一步紧缺，消费者层面上城市食品消费结构升级。这三大历史性变迁是当今社会的基本变化，其中某一种变化都会产生很多新的需求，而三大历史性变迁交汇所能产生的新需求是空前的，甚至也可能是绝后的。鄢少龙意识到现在我们正处在中国做农业的最好的时代。张福锁老师和李晓林老师正是深刻理解了大时代下的大变局，听到大时代的呼唤，为了满足时代的需求，所以提出要通过"科技小院"这种模式培养"会经营、懂技术、有知识、有文化、有视野"的高级现代农业人才。这也是这批有家国情怀的知识分子心怀天下、为解决大问题而在自己影响力范围内想竭力做好的一件事。"科技小院"的精神内核在鄢少龙看来，既有这种以天下事为己任的家国情怀，也有锐意进取的时代精神，这恰恰是我们这一代年轻人没有的。

田间调研

重回崖城已经是 2013 年的 1 月份，鄢少龙记得当时北京还吹着刺骨的寒风，而三亚已经是阳光明媚。刚下飞机的鄢少龙便脱下羽绒服，开始了调研工作——他准备对当地杧果产业进行全方位的调研。

在调研时，最痛苦的是要去地里找种植户，屡次拜访还往往不得入门。鄢少龙当时就想为啥是自己要去找他们，不让他们来找我呢？他突然想到在调研时，发现当地种植户，特别是外地种植户大多是年轻人，都会使用 QQ 等即时通信系统，因此通过互联网的方式完成调研也是完全有可能实现的。这个突发奇想，带给了鄢少龙另一段难忘的经历，也使得他可以一窥互联网之门径。

崖城田间调研——第一个农户调研对象

互联网社群

互联网不只是一种工具，更是一种新的思维模式。平台级公司提供互联网公共服务的门槛越来越低，真正具备创造能力的人才将越来越受重视，以后也许不再是公司雇佣人才，而是人才雇佣公司为他们提供服务。所以现在互联网公司都应该是开放协作的。

在大的平台公司的生态系统里面又有一些小的生态系统，大如阿里巴巴，小如鄢少龙之后创建的杧果互联网社群，也遵循同样的规律。一开始鄢少龙和小伙伴在设计这个社群的商业逻辑的时候，就把它设计成一个开放的体系，只要是和杧果产业有关的人员，无论是农资人、种植户、收购商都吸收进来。这就是流量最初的来源，然后围绕着这个社群，开始做各种服务。线上的微信公众号、QQ 空间、线下的培训会、技术交流会、产品宣讲会，做到线上线下互联互通。这是鄢少龙 2013 年设计的商业逻辑，而在 2015 年农资行业开始兴起 O2O 的热潮。

鄢少龙的社群成员发展到高峰时的 1 700 人，辐射全国杧果产区，是名副其实的全国杧果第一社群。在此过程中，鄢少龙始终践行着科技小院的理念——为农民提供"零距离、零时差、零门槛、零费用"的技术服务。这个社群背后的逻辑已经理顺，就是种植户和农资人、种植户和种植技术、种植户和杧果渠道的连接器。只要这个社群存在一天，它就会自动形成一个交流行业信息和种植技术的圈子。整个生态已经建好，如果不考虑盈利问题，后续就不需要继续投入运营和管理精力，也可以永远为整个产业的从业者提供服务。

由于这个项目一开始就是出于公益的目的而设计的，鄢少龙和伙伴们并没有赚到一分钱，但是他们都为自己的商业意识感到骄傲，至少他们走在时代潮流之前，在行业的最前沿。就在其他小伙伴继续着杧果互联网社群的事业的时候，鄢少龙又选择了新的方向。

杧果产业链：自然风险，技术风险和市场风险

杧果产业链是鄢少龙新的方向。"做农业的核心能力是经营土地的能力。"这是海南一个杧果超级种植大户告诉他的道理。这个大户是海南最大的杧果种植户，手上管理着 12 000 多亩杧果地，从业 22 年，是当之无愧的杧果产业资深专家。鄢少龙认为这句话是目前为止接触到的所有人当中说过的对农业理解最深刻的一句。如果把经营土地的能力分解，应该有以下几

种能力：种植技术、组织生产能力、融资能力、品牌包装和销售渠道搭建能力，也就是技术、劳动力、土地、资金和市场。杧果产业和任何一个产业没有本质的区别，农业产业链和其他行业的产业链也没有本质的区别。相对于工业生产，可能农业产业链从业人员受教育程度较低，资金周转较慢，创造的利润也相对较低。但是鄢少龙始终相信，随着中国农业的发展，农业总体利润会随之提高，农业也可能会成为香饽饽。

由于鄢少龙对产业链充满了浓厚的兴趣，2014 年清明节前后，当时结识的杧果种植大户委托鄢少龙帮他们到长沙红星水果批发市场销售杧果。这是一场硬仗，那一年的杧果注定特别不好卖，原因很简单：因为受到 2013 年 11 月超强台风"海燕"的影响，整个海南岛的杧果上市时间都主动或者被动往后延了。相当于把往年从 1 月份到 5 月份平稳分批上市的全海南岛的杧果，一下子积压到了 4 月底 5 月初这短短十几天的时间。这段时间恰逢清明和五一双节，"每逢佳节量倍增"，往年正常情况下果子都会比较好卖，但是需求再旺盛也需要时间消化，生鲜农产品最害怕的就是时间损耗。供给猛增而需求跟不上供给的增长速度，必然导致果子贱卖，这是由经济学的客观规律决定的。

当初鄢少龙出发的时候，委托方也是忧心忡忡，毕竟他们一年的收入全压在这里了。刚开始，鄢少龙还不是很习惯批发市场的生活状态，凌晨 4 点钟开档，相对于平时的生活习惯，真的是起得太早了。好在他适应能力比较强，很快就适应了那里的生活节奏。早上 4 点半起床，刷牙洗脸，眯着眼睛打开档口。没有市场经验的新手一般会在铺头边睡回笼觉边等待第一个客人登门；有些经验的老手就睁开眼睛去观察整个市场今天的库存，根据数量品种和这个市场一天大概的销量来决定今天果子的定价，行话叫行情。鄢少龙一开始明显是属于前者，只有经验老道的批发商才能预估整个市场一天的销量，需要长年累月的经验和丰富的市场知识。很可惜鄢少龙没有相关的专业知识，不知道果子要达到多少成熟度才可以上市，也就无从判断今天市场上的供给量。

最开始委托方提前发了 300 多箱、5 000 多公斤杜果给鄢少龙练手，过几天陆陆续续又发来几千箱，将近 10 万公斤杜果。结果鄢少龙从一开始就感受到市场的瞬息万变。当天鄢少龙刚刚睡醒，正好有个采购员过来说 5.6 元/公斤一次能全要了，鄢少龙当时没有估值能力，不知道这批货值多少钱，帮鄢少龙代卖货的老板说 5.6 元价钱不错了，就脱手了吧，鄢少龙当时也是缺乏销售经验，就把 300 箱品质不错的杜果以较低的价钱甩卖了。在批发市场卖过生鲜农产品才能够真正体会到从货物转化为货币的惊险，一年的收益就在这一瞬间被决定。第一次去卖的时候真的非常紧张。鄢少龙当时以为卖贱了的，其实市场不是这么简单，不确定的因素太多，有些事预想不到。

当天，长沙突然下起了瓢泼大雨，整个市场露天的杜果全部被淋湿了。生鲜水果在运输和销售前千万不能淋雨，高湿度容易滋生很多真菌性病害，比如炭疽病，会严重影响果实的外观和品质。有经验的收购商是不会购买淋过雨的水果的。从采购员的角度来说，由于下雨，买水果的人就少了，需求被进一步抑制。这导致的直接结果就是，一车好几吨的杜果以几毛钱 1 斤（1 斤 = 500 克）的极低价处理掉。如果当时鄢少龙那批货不及时处理的话，下场也不会太好，现在又觉得赚回来了。

这就是农业生产中面临的 3 大风险（气候风险、技术风险和市场风险）中的市场风险。自然风险不可控，而技术风险和市场风险在一定程度上是可控的，这需要非常丰富的种植基地田间细节管理经验和市场知识。这些都是种植户和相关从业者经过几年甚至十几年的摸索才拥有的，所以做农业千万不可操之过急。

一路走来，这其中的酸甜苦辣个中滋味只有自己能体会。就像鄢少龙自己说的：这条路可能很艰难，但是既然选择了远方，又何惧风雨兼程呢！

回顾这 3 年来他的成长，鄢少龙一直在不停往前奔跑，错过了很多风景，也辜负了很多期望；也正因为如此，唯有更快地向前冲，更快地成长，才能不辜负师长的殷殷期盼。

杜果种植和收购商正在交易

正在包装待销售的金煌杜果

科技小院的幸福生活

——田净

　　人物简介：田净，女，汉族，1988 年生，河南鹤壁人，中国农业大学资源利用专业硕士研究生，中共党员。2012 年入驻河北曲周县"三八"科技小院，期间担任"三八"农民田间学校辅导员，定期向当地留守妇女举办农业技术培训，在此基础上成立了"三八"科技文化宣传队，培训当地留守妇女担任农业培训教师，带领她们外出开展科技培训 5 次；成立"三八"手工坊，帮助留守妇女创业等；期间发表中文文章 2 篇，举办大型文化活动 8 次，接待国内外参观交流 15 次等。2014 年 3 月 6 日前往荷兰 Wageningen 大学联合培养学习。2013 年获中国农业大学"科研成就奖学金""服务'三农'突出贡献奖"，2014 年获中国农业大学"学业一等奖学金"。2015 年毕业后就职于河南省实验中学。

开阔视野，增长见识，明确方向

2012 年本科毕业，对于以后从事什么工作，哪些工作是自己喜欢的、并且可以胜任的没有一个较为清晰的认知，所以田净选择继续读研，希望在研究生期间，对此有一个更为深入的了解。机缘巧合，她作为当年全国唯一直接报考中国农业大学专业硕士的考生顺利通过了复试，之后就去往曲周基地，开始了她的"科技小院"生活。这期间除了要完成硕士论文外，她还担任了"三八"农民田间学校辅导员，定期向当地留守妇女举办农业技术培训；在此基础上成立了"三八"科技文化宣传队，培训当地留守妇女担任农业培训教师，带领她们外出开展科技培训 5 次；并成立"三八"手工坊，帮助留守妇女创业等。

"如果你不确定内心想要做什么，你可以不断地尝试，不断地发现，终有一天，你会明白你想要什么。"这是她一直信奉的一句话，想要知道自己适合什么样的工作，毕业后从事哪方面的事业，最便捷的方法就是在正式工作之前尽可能地多尝试，或者至少近距离地接触，这将会有助于你的选择。"科技小院"这独一无二的平台，让她们有机会了解了很多行业和工作性质。例如，农资企业销售人员、技术人员、农业局公务人员、活动策划员、记者、教师等。对于她而言，就是在农民培训与支教中，慢慢发现，想要最终实现农业高产高效，其实可以从很多角度入手，教育是不可忽视的一个入手点，从某种程度上来讲，教育不仅影响着农业生产，也影响着其他的方方面面。在之后 3 年不断尝试的过程中，每当田净做和教师培训等相关的工作时，内心深处就会有莫名的开心和激动。每次工作结束后，那种幸福和成就感体会得更为深刻。这不正是工作的意义所在嘛！至此，她终于明确了自己的方向！

专业提升，综合发展，顺利入职

有了明确的方向后，后面的事情就顺理成章了，田净的毕业论文也恰好是关于农民培训效果评价方面的工作，做起来感觉动力十足。在小院活动中，和教育培训有关的方面，她就尽可能多分配时间与精力。当然，这要感谢"科技小院"老师们给予她机会，让她可以不断锻炼"讲故事"的能力。其实，每次"讲故事"的背后都有一个泪与汗的故事，有老师们一遍遍地修改，一次次地建议。正是在这个过程中，让她逐渐知道想要讲出一个漂亮的故事，需要有平时的积累，有巧妙的构思，有逻辑的编排，有打动人心的干货，有合适的语速，有真挚的感情，等等。而这些面对不同人群的一次次的演讲汇报，很好地锻炼了田净的表达能力和心理素质。

田间一家亲　　　　　　　　　　代表参会

付出总有回报，在"科技小院"平日里为了一次次蜕变而不断努力付出之后，终有一天开出了美丽的花朵。在河南省实验中学的工作面试时，因为时间有限等种种原因，面试流程中的试讲等环节没有进行，面试官临时决定安排每位应聘者现场准备3分钟以内的自我介绍，多名评委同时打分，按分数由高到低录取，现场便可签订三方协议。田净就按照"讲故事"的方式做了3分钟的自我介绍，效果很好，然后她就被通知录取了。这就是田净毕业季找工作的经历，幸福有时来得很突然，但想想其实生活中也不乏很多机会，重要的是在机会面前，你是否已经准备好并可以抓住它。而"科技小院"3年的锻炼，让她凭借"讲故事"的能力，牢牢地抓住了它。而今，在省实验中学工作也已经3年多了，她带出了属于自己的第一届毕业生，同时荣获郑州市课堂教学达标一等奖、郑州市优质课教学评比二等奖、郑州市协作区教学研讨优秀奖、河南省实验中学优秀教师等

重要奖项。

有人说，读书，会让人容颜自然改变，你可能以为很多看过的书籍都成为过眼云烟，不复记忆，但其实它们仍然潜移默化在你的气质里；也有人说，运动，从来不会欺骗你，因为它会沉淀在你的精气神中，你的改变谁都可以感受到。田净想说，科技小院，如同读书和运动一样，都沉淀在心中，让我们开阔视野，增长见识，综合发展，发现自我，给予我们一双双隐形的翅膀，带你我飞向幸福的地方！

优秀教师

学生眼中的"女神"老师

三江情缘，"三农"情结

——胡潇怡

人物简介：胡潇怡，女，1990年12月生，河北邢台人。2013年开始入驻黑龙江省建三江科技小院，主要从事寒地水稻侧深施肥的相关研究，期间接待国内外专家10余次，获得奖励3项，得到当地媒体报道。毕业后，进入北京市农业技术推广站工作，从事设施农业水肥灌溉制度研究、应用、示范推广等相关工作。

三江情缘之乍见之欢

2013 年 7 月，胡潇怡怀着刚成为中国农业大学研究生的激动心情以及对祖国东北边陲一望无垠稻田场面的向往，来到位于建三江农垦七星农场的建三江试验站报到。当万亩连片绿油油的稻田在眼前铺开绵延到远方的时候，那种震撼，那种对农业、对自然的敬畏，让胡潇怡一下子就喜欢上了这个后来伴随她研究生大半时光的地方。

三江情缘的乍见之欢，很快被深陷稻田、强光照、小咬攻击等田间常见现象拉回到现实中，除了欣喜，胡潇怡还需要学会如何与稻田相处。"稻田拔靴"应该是每个三江小院学生的必修课，有些人很快掌握，甚至还能在当天就领会"倒车""换行"等高端技能；有些人则需要多次练习，个把月后才能做到稻田行走和量苗都"稳如泰山"。学习与稻田相处并非易事，早晨的露水、正午的骄阳、下午 4 时以后的蚊虫攻击成了学习路上的绊脚石，但是当你看到水稻破口、颖花盛开、稻穗摇曳，会让你拥有排除万难的决心，继续向前。

田间取样

田间调查

三江情缘之久处不厌

在三江的生活是充实而快乐的，胡潇怡和小伙伴们忙着学习水稻相关的知识，学习用遥感手段去诊断和估测农情，以便服务更多的农户。胡潇怡和水稻一同成长，从对水稻只有一点粗浅的认识，到能够解答农户的疑问；从在书本和文献中学习，到在田间地头解决生产实际问题。

2014 年的春天，水稻苗期立枯病和青枯病暴发，造成批量的水稻秧苗死亡，着急的农户们买了很多种药，怎么治也不见效。胡潇怡经过调查和查阅资料发现立枯病是多种真菌引起的病害，在低温、寡照、偏碱的环境中暴发，而且传播速度很快。而青枯病主要是一种生理性病害，常见于根系较弱的苗。在连续阴天突然放晴的时候，秧苗短时耗水量过大，根系无法正常吸水，从而导致叶片向内卷曲，叶色深绿，即为青枯病。青枯病常与立枯病相伴相生，因为得立枯病的苗往往较弱，在遇到不良气候时也更容易得青枯病。为了解决苗期的立枯病和青枯病，结合寒地水稻旱育秧的特点，胡潇怡和小伙伴们建议进行苗床土和秧盘土调酸，营造利于水稻生长、抑制立枯病暴发的微酸环境，减少病害以促进水稻生长。这个做法后来得到了农户的验证，并很快推广起来。到了 2015 年，胡潇怡又特别成立测土调酸小分队，去多个连队的育苗基地，帮助他们检测苗床土和秧盘土的 pH，并给出相应的调酸建议。在大家的共同努力下，2015 年的立枯病和青枯病的暴发情况，明显低于 2014 年。调酸小分队也得到了广大农户和七星水稻办的认可，希望胡潇怡们能够每年开展这样的活动，传播知识，服务农户。

在科技小院的日子里，胡潇怡通过一次次的接待讲解活动，向各界专家领导介绍建三江科技小院，交流应用的技术及效果，分享自己在科技小院的收获与成长……在慢慢积累知识的同时，锻炼了自己的语言表达能力。

"三农"情结之不断前行

蓦然回首，2018 年是胡潇怡从科技小院毕业的第 3 个年头了。每当春寒料峭，总想起需要调酸的苗棚；每当金秋十月，总想起金黄的稻田。时光荏苒，她的记忆越打磨越发亮。是小院的生活加深了胡潇怡的"三农"情结。毕业后，她有幸考入北京市农业局属事业单位——北京市农业技术推广站，从事节水农业相关工作，又回到了她熟悉且喜爱的田间工作中。学习的作物延伸到了设施栽培的蔬菜、西瓜、甜瓜、草莓，了解了更多作

物的生长规律，也学习到了更多水肥管理方面的知识。正是由于科技小院生活的锻炼，秉持着为农业、农村、农民服务的心态，延续着同样的学习工作方法，胡潇怡很快适应了现在的工作。在科技小院培养起的"三农"情结，让她一直受用至今。胡潇怡与三江的情缘也许会随着时间的推移而转变，但她的"三农"情结会成为一股力量、一个纽带，牵引并带领着她不断前行。

柯柄生校长来访

行业专家来访

不要在最能吃苦的年纪选择安逸

——赵伟丽

人物简介：赵伟丽，女，1990年1月生，中共党员，山东滨州人，中国农业大学2013级农业资源利用专业硕士研究生。本科毕业于青岛农业大学资源与环境学院。

2013—2016年驻扎河北曲周王庄科技小院，进行粮食作物产量限制因素分析的科学研究，并充分利用驻扎一线的时间，开展农业服务和社会服务工作，同时参与曲周王庄生物质燃料新能源的产业发展。2016年8月入职云南云天化股份有限公司，把科技小院模式带进云天化。

满心狐疑踏上一条"不归路"

2013 年，通过了中国农业大学的面试，获知硕士生涯由意向的学术型转为专业硕士，年限为 3 年。在面对一场突如其来的改变时，她满心的不爽，心情非常低落。回到中科院植物所的时候她接到了张宏彦导师的电话，邀请她暑假去曲周吃西瓜，她内心又有了些许期待。于是她在拿到本科毕业证的当天（7 月 1 日），和共同考入中国农业大学的 2 位同学坐上了由青岛至邯郸的大巴车。

"三八"科技小院

田间调研

一不小心当上了"伟爷"和"王庄一姐"

2013 年 7—8 月，赵伟丽整整两个月的时间都是在曲周科技小院师兄师姐策划的丰富多彩的实训中度过的。相信多数从农村走出来的孩子，他们的父母甚至自己都想着："哎呀，娃出息了，终于走出了农村"。可没想到大学毕业了，研究生阶段她反而又回到农村。研究生生涯的第一站到了科技小院发源地，曲周的方言是她适当地生活需要渡过的第一道难关。在曲周，在中国农大优秀的导师团队、曲周当地导师和师兄师姐们的指导下，她很快熟悉并适应了当地环境，女汉子的一面也慢慢地暴露出来，被师兄师姐称为"伟爷"。2 个月的时间，她经历了冬小麦秋收测产、夏玉米播种施肥的辛酸，体验了点油灯熬到凌晨 3 点还在满屋子蚊子萦绕的环境中总结当天的工作的苦涩，品尝到了一碗菜和两个馒头在那种环境下沁人心脾的香甜，感知了曲周科技小院这个大家庭一直是她不断进步最大的支撑。她慢慢喜欢上了通过扎根到生产一线的社会实践、不断见证自己的一块块短板被补齐、让自己变得更好的科技小院。2014 年，她成了王庄科技小院第一批入住的女生之一（后来被可爱的师弟师妹戏称为"王庄一姐"），并同"战友"王雯雯开启了并肩作战的时光。她很感恩能有这么一段时光，在王庄这片热土——这个距离中国农业大学实验站最近的科技小院里书写自己的一段重要的人生经历。驻扎科技小院期间，她担任河北焯天生物质燃料有限公司技术顾问，鼓励和帮助今科富小麦专业合作社发展；组织观摩会、测产会等技术推广活动和晚会活动 5 次，高效地传播技术；组织大型文艺活动 3 次，丰富了当地文化生活；接待领导参观 30 余次（其中 3 次接待院士），开展农户培训 5 次，"973"项目启动会 1 次，组建高产高效示范方 2 个（500 亩适度规模化生产重点示范方 1 个，25 亩有机物微生物肥示范方 1 个）；配合新洋丰企业在曲周市场拓展，为王庄村定制肥料 150 余吨。

主持晚会

参观讲解

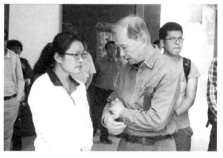

回答问题

小院的兄弟姐妹

在"不归路上"越走越远

2015 年中国农业大学专家团队开启了和中国最大磷复肥生产企业云南云天化的战略合作，并成立了云天化植物营养研究院、云天化植物营养学院、云天化农业研究中心（简称"两院一中心"）。她凭着在科技小院的锻炼，毅然决定到祖国的西南闯一下，于是投递了应聘简历，全心全意准备云天化的面试。功夫不负有心人，2016 年 6 月 15 日她以面试第一的成绩被破格录取（当时招聘岗位不招女工）。

8 月 1 日入职云南云天化股份"两院一中心"，刚到公司 1 个月便被告知要去昭通建立昭通科技小院。当时的她对于昭通一无所知，只是心想，"科技小院，我们又要再见面了。"这次最大的不同是要建立校企共建的高原特色科技小院。在海拔 1 900 多米的云南昭通，她从市场调研入手，定点跟踪和采集果园土壤样品，同昭通水果站、苹果产业研究所和当地合作社成立田间学校，由此开启了她的技术扶贫之路。在昭通干旱少雨的 10 月份，科技小院团队带着工具和取土设备爬到海拔 2 000 多米的山上，徒手用土钻取 0～60 厘米的土样。为了取土样，她跑烂了 3 双鞋子，记不清手上被磨起来多少水泡了，最终取得 100 个土壤样品，并将采集到的土壤样品全部进行了预处理并寄往中国农业大学进行化验分析，为后期苹果专用肥的设计和研发做好准备。

昭通小院　　　　　　　　团队合照　　　　　　　　丰收的苹果

在科技小院她把自己当农民，去接近农民，并站在农民的角度去了解为什么会有这样的生产问题，然后用她所学的知识去解释这些问题。接下来就是整合资源的过程，利用网络资源、云天化"两院一中心"以及云天化农业服务部的团队资源来解决问题，科技小院这个时候扮演的角色是问题的入口和解决问题的出口。在农民参与的过程中同农民一起发现问题和解决问题，在这个过程中去推广云天化的作物全程解决方案，并在这个技术损失率和损耗率最低的参与式推广过程中以点带面地去开展农业服务工作。出色的工作和表现让她于 2018 年 8 月被破格升任农业服务部部长助理，成为公司最年轻的中层。

她很感谢这一路科技小院给了她迎着风雨、在苦与累的工作中保持微笑的勇气，在最肆意的青春里，给自己留下了奋发向上的样子。之后的日子里，她会带着在小院培养出的这份坚定的执着继续勇往直前。

扎根农村，不忘初心

—— 陈冬冬

　　人物简介：陈冬冬，男，1988 年生，河北省泊头市人，本科及硕士均就读于河北农业大学。2013 年 7 月入驻河北徐水科技小院，重点以农户定点跟踪为切入点，结合示范田建设、科技培训、田间指导等工作推广高产高效生产技术。2016 年 8 月进入由云天化股份有限公司与中国农业大学合作组建"云天化两院一中心"，继续从事于科技小院工作，先后担任云南宾川科技小院院长、河北沽源科技小院院长，持续实践、推进科技小院模式在肥料企业的植物营养研究、肥料产品开发、农业技术服务等方面发挥积极作用。

酒厂里的"科技小院"

2013 年 6 月，刚刚本科毕业的陈冬冬跟着他的师兄佟丙辛来到中国农业大学参加"全国测土配方施肥整建制推进创新计划"培训，四五天的"高强度"培训结束，他对于"科技小院"的轮廓也有了一些初步认识——一种既新鲜又具挑战的成长方式，因为进入科技小院意味着你的硕士阶段大部分学业要在农村里完成。

培训结束的第 3 天，他们便和马文奇老师赶往要陪伴他 3 年的那个村落——沿公村。在他的想象中"科技小院"应该是"高大上"的，坐北朝南的大房子，高高的院墙，室内软件配套齐整，如果带个小花园更完美了。但到了小院才发现，实际情况跟想象的完全不同，科技小院驻点定在了一个停业的村办酒厂里，映入眼帘的是杂草丛生的空场地，一排低矮的房子。马老师看出了他的犹豫，临走撂下一句"想读研，就要在这坚持下去"，没办法，最后他硬着头皮住了下来。就这样，酒厂里的科技小院诞生了。

走街串巷，融入群众，服务"三农"

科技小院成立后，为了打开局面，师兄弟 2 人连续 1 星期"走街串巷"，挨门挨户地发放高产高效技术规程，介绍徐水科技小院的工作。就这样，全村人很快认识了这两个农大的研究生，而且陈冬冬初入小院的陌生感也驱散了。从此，这种"走街串巷，推销自己"的方式也成了每个进入小院的新人的第一课。

2014 年上半年，陈冬冬的师兄毕业了，从此他便成了小院的主人。在过去的一年中，他们师兄弟二人联合村中农户，布置了 24 个"4 + X"试验，实地验证了徐水区夏玉米和冬小麦"大配方"肥料推广的可行性及适用性，同时结合技术培训会、示范观摩会及田间指导的推广方式，使得由新洋丰生产的大配方肥料"26-10-12"和"18-22-7"在沿公村一年的销量由 20 吨飞升至 120 吨。

为了能更好地研究农业的长期变化趋势，服务好农村，徐水科技小院

最先开始开展"定点农户的全生育期跟踪"研究，通过长期定点，系统地跟踪农户的生产操作，可以更为准确地找到限制农业生产高产高效的主要因素。陈冬冬通过连续3年的定点跟踪50个农户冬小麦-夏玉米生产中施肥、植保、栽培等措施，找出了限制当地作物高产高效的主要因素，同时集合村中种地能手，开展"参与式"研究，提出了有效的解决途径，并通过和所有跟踪户合作开展了近80组验证实验，进一步优化了技术方案，建立百亩示范田一块，通过大面积和农户合作达到了技术推广的效果。2015年，为了更好地服务农业生产，陈冬冬和两个师妹率先将地理信息系统（GIS）技术应用在科技小院工作中，他们为全村112个地块进行测土分析，总覆盖面积近千亩，约占全村土地面积的一半。依托GIS技术，为全村免费绘制了土壤养分等级图、施肥现状图、配方推荐图等，更直观地指导农户施肥和管理。3年的小院生活，使他更加深入地了解了"三农"，并成长为一名更接地气的农业人。

唠家常　　　　　　　一家亲　　　　　　　农户调研

走进西南，扎根葡萄田

2016年8月，陈冬冬顺利入职全国最大的肥料生产企业——云南云天化股份。进入云天化后，他和他的团队便开赴云南宾川，一个全国知名的红提种植县，继续从事科技小院工作。宾川小院不同于往常，它是由中国农业大学和云天化股份联合建立的，主要负责探索以农业技术服务带动产品销售的新模式。

驻点期间，他和他的团队针对云南宾川县葡萄生产中存在的农资投入过高、葡萄霜霉病发生普遍、土壤酸化板结、葡萄品质较低等问题，结合土壤改良技术、葡萄优化栽培技术，集成了葡萄"提质-增效"养分管理技术方案，并通过试验示范、科技培训、农化服务等服务形式进行技术推广。共计完成农户葡萄技术培训 20 余场，培养科技农民 25 人，田间指导农户 500 人次，同时与当地农技部门合作为 235 个农户提供测土配方服务。1 年的时间，通过脚踏实地的服务，宾川云天化产品的销量由 3 500 吨飙升至 6 500 吨，他和他的小院用实际行动博得农民的真心，也为企业开拓趟出了一条服务转型升级的新思路。

一直在路上

立鸿鹄志：在"三农"一线成长成才

——陈广锋

人物简介：陈广锋，男，中共党员，2014 级硕博连读生。曾任全国科技小院研究生联盟负责人、北京高校博士生宣讲团讲师，挂职河北曲周科技局高级咨询和山东乐陵市郭家街道办事处副主任。在校期间，连续 3 年获得"博士一等学业奖学金"，曾获北京市优秀毕业生、中国农业大学"五四青年标兵""优秀党员""三好学生"等荣誉。毕业后考取到农业农村部全国农业技术推广服务中心任职。

作为一名来自农村的大学生，陈广锋对"三农"有着割舍不掉的兴趣和感情，一直想着如何切合实际地为农村老百姓做些事情。本科他就读于老家一所省属高校，经过几年的努力，终于在研究生期间如愿来到中国农业的最高学府——中国农业大学进行学习。入校以来陈广锋一直牢记中国农业大学"解民生之多艰，育天下之英才"校训，立鸿鹄志，时刻以发展高产高效现代化农业为己任；做奋斗者，博士4年，每年至少有7个月时间驻扎在农村一线，住农户，上地头，把试验田从半封闭式的实验站搬到了农民的地里，致力于解决小农户种植低产低效的问题。

扎根农业一线，在实践中学真本领

2014年"五一"假期还未结束，陈广锋临危受命，进驻山东省，摸索创建了当地第一所以粮食为主的科技小院——乐陵科技小院。科技小院，简单来说，就是研究生驻扎在农业生产一线，与当地百姓同吃、同住、同劳动，发现农民、企业等生产中存在的问题；一边做研究一边做服务，进行技术的集成创新，解决生产实际问题；同时完成自己的研究论文，把论文写在大地上。而陈广锋的工作和研究地点就位于山东省德州市乐陵市郭家街道南夏村。

刚来到村里时，他可以说是一个无经验、无人员、无课题的"三无"光杆司令。还听不太懂当地的方言，不懂如何与百姓交流，最要命的是不懂得如何解决当地生产问题。习近平总书记在党的十九大报告中提到要培养一支"懂农业、爱农民、爱农村"专业的"三农"工作队伍，也许大家都会觉得自己"科班"出身，就是"一懂两爱"的不二人选。没错，陈广锋初到乐陵时也是这么想的，堂堂中国顶尖农业院校的博士研究生，难不成会被农民问住？刚开始印象最深刻的一件事，就是和当地农业局技术员一起指导麦收工作时，一位老大爷"为什么我家麦粒是空的"的提问让陈广锋哑口无言，绞尽脑汁也不知道如何作答，切实感受到了理论与实践之间的差距。

农业生产确实是一个复杂、脆弱的过程，问题往往不是因为单因素导

致的，也不是一项技术所能够解决的。为了弥补自己在生产实践上的"短板"，陈广锋利用小院学生驻扎在生产一线的优势，拜当地农技专家为老师，学经验。每天去田间地头走一走，和有经验的农民聊上几句，增长见识的同时，收集各种田间生产问题，锻炼自己的专业实践能力，做到了让农民问不倒。

爱农村、爱农民，脚踏实地服务"三农"

在做好工作的基础上，陈广锋也和村民建立了深厚的感情。陈广锋驻扎的村子在五月初五会有吃鸡的习俗，寓意一年里身体健健康康。村里一位70多岁的老奶奶，把陈广锋以及长期驻扎在小院的同学们当成亲孙子孙女一样，过节的时候还把自己养的老母鸡杀掉炖好，趁热端过来给大家吃。慢慢地越来越多的村民认可了小院学生们的工作，把同学们当成自家人。有些村民家里孩子结婚、小孩满月酒时也会叫上大家参加，这让同学们十分感动。

就这样，不到1年的时间，乐陵科技小院变得"生龙活虎"，陈广锋和当地村民变成了亲密无间的一家人。小院学生也为周边乡镇农户完成了无数次答疑解惑，举办了针对山东省从事土壤肥料工作的骨干人员的新型肥料技术研讨会，接待了来自法国60多人的农业专家代表团的参观，帮助乐陵市完成了高产创建项目。2015年乐陵市科技小院由最初的1个扩展到了2个，驻扎的学生最多时段达到了数十人。4年时间，陈广锋负责主讲农民技术培训63场次，累计培训小农户、种粮大户、家庭农场主等约3 000人次，提高了村民的种养科学文化素质；累计指导小农户种植面积3万余亩，建立高产高效示范方500亩，致力于打通农技推广"最后一公里"。

理论联系实际，做立地顶天的研究

科技小院的大部分研究是和农民融入在一起开展进行的，但是他的老师一直在提醒陈广锋不要真的变成了农业技术推广人员，不要真的变成了农民，要时刻锻炼自己的科研思维，学会科研上的创新。科技小院开展研

田间"零距离"服务

究的思路是"development to research"，即在发展中进行研究，由发展推动研究，根据发展的问题设计研究。作为一名博士研究生，陈广锋时刻牢记身份，本着"从生产中来，到生产中去"的原则，开展"自下而上"对农民有用、能解决生产问题、助推农业发展的科学研究。

作为华北科技小院协作网负责人，在小院老师们的指导下，在小院师弟师妹的协助下，陈广锋首次探索实施了"1351"研究方法和"DEED"研究思路。根据探索试验的结果，由研究生和农户为主导来设计优化的生产技术体系，并且在农户的地块布置"2 + X"试验或者示范样方。做好科学家要求的生态环境友好、美丽中国、低碳减排与农户追求高产、高经济回报目标之间的"trade-off"。这样得出的优化体系，从专家角度或者科学角度看可能并不是最佳的，但是对于"高产提质增效"目标下的农户实际生产却是最有帮助、最利于大面积推广应用的。在科技小院这样立地再顶天的研究氛围中，陈广锋先后发表 SCI 1 篇，共同第一作者发表 EI 1 篇，SCI 约稿在投 2 篇；申请"夏玉米同步营养肥"发明专利 1 项（正在公开）。第 1 年该专利推广应用 5 500 亩，节约农户化肥投入 13 万元；第 2 年推广应用 12 400 亩，节约农户肥料投入 30 万元。

不忘初心，在奋斗中成长成才

　　科学技术的落地离不开高校与地方政府的通力合作，尤其是农业生产技术。2014 年 5 月，陈广锋挂职于山东省乐陵市郭家街道办事处科技副主任一职时，结合专业优势，完成了上级部门交代的郭家街道办事处农业园区考核、农业绿色食品安全考核等多项任务。中国农业大学和曲周县有着40 多年的鱼水之情，为了进一步推进双方合作交流，促进曲周科技发展。2017 年，陈广锋挂职于河北曲周县科技局高级咨询，负责乡村振兴"科技小镇"建设相关工作，期间和村民代表召开 5 次调研座谈会，完成"科技小镇"建设简报 10 余期，为当地现代农业发展等起到了积极的推动作用。为响应国家"一带一路"政策，他还参与了"第三世界发展中国家培训基地"落在曲周的相关工作，负责接待了 3 批来自印度、尼泊尔、印度尼西亚等全球 11 个发展中国家共计近百人在曲周的学习研讨，把中国先进的农业技术分享给他们。

　　2017 年 10 月，作为"北京高校学习习近平中国特色社会主义思想博士生宣讲团"讲师代表，赴云南大理南涧县、山东乐陵市、河北曲周县等地，为当地基层干部、农民开展"精准扶贫，乡村振兴"十九大精神的宣讲。尤其是在云南南涧县宣讲期间，宣讲地点平均海拔 2 000 米左右，加上崎岖的盘山公路带来的晕车症状让第一次来到高原的陈广锋有些吃不消，但是看到当地基层干部、老百姓穿戴上了传统民族服饰，对陈广锋的宣讲满怀着期待之情，就立刻被他们的诚挚和热情所打动，2 天时间累计行程 300 多公里，翻越沟壑和山头，向 4 个乡镇的基层干部和群众代表宣讲了党的十九大精神。

　　不忘初心，方得始终。在"三农"生产一线锻炼了陈广锋的意志，实现了精神升华。科技小院每天日志的写作和平时活动方案的策划提高了他的写作能力，和农民的交流让他对"三农"有了更清晰的认识，同时也喜欢上了自己身上的"泥土味"，更加坚定了毕业后报考农业农村部全国农技中心的选择。他希望能在更高的平台上继续从事农业技术推广与服务工作，为中国的"三农"发展和乡村振兴贡献自己的力量，把青春挥洒在祖国大地上。

　　大纛猎猎，鼙鼓齐鸣。中国农业绿色高质量发展的号角已经吹响，乡村振兴战略已经布局。人才是任何发展的重要基石，希望科技小院师弟师妹们也能向陈广锋学习：学真知识，练真本事，干真事业，在新时代肩负起新的历史使命，知行合一，为我国农业现代化建设贡献力量。

曾经　　　　　　　　　　　　　　　　如今

与金丝小枣的不解之缘

——李建丽

人物简介：李建丽，女，中共党员，河北魏县人，中国农业大学 2014 级农业资源利用专业硕士研究生。2014 年 6 月至 2016 年 10 月驻扎山东乐陵科技小院，承担金丝小枣防裂果技术研究和社会服务工作，担任乐陵王清宇科技小院主要负责人。期间挂职山东乐陵市朱集镇"科技副镇长"，3 次录制乐陵大讲堂，组织农民培训 9 场、田间观摩 6 场；开展了 8 项田间防裂果试验，发表了 3 篇学术论文，申请了 1 项专利技术。在校期间，获得专业一等奖学金、硕士研究生的国家奖学金、"中国农业大学三好学生"等荣誉称号。2016 年，荣获教育部农业硕士实习实践优秀成果奖。2017 年 7 月入职农业农村部规划设计研究院。

　　李建丽与科技小院的故事，又是她与金丝小枣结缘的故事。李建丽的家乡河北魏县是一个鸭梨之乡。2014 年，她来到金丝小枣之乡山东乐陵，2 年的时间，使她对金丝小枣生育期每一阶段的了解程度都远远超过了家乡的鸭梨。乐陵，这个 2 年前完全陌生的地方，也成了李建丽的第二故乡。年年岁岁花相似，岁岁年年人不同，李建丽陪伴枣树一起长大了 2 岁，枣树的树干长得缓慢没有看出来变化，但她与 2 年前第一次到科技小院时的青涩和迷茫不同，她在这 2 年快速成长着。

初识科技小院

　　"乐陵市科技小院"是由中国农业大学和乐陵市政府在 2014 年 5 月联合建立的，李建丽与乐陵市科技小院结缘的故事从 2014 年 6 月 6 日开始。那天她接到了研究生老师的电话，被派遣到了山东乐陵的一个村里面，当时低落的心情，内心的疑惑和无奈，还有对这即将开始的研究生生活的恐惧和担忧，所有这些都是她初到山东乐陵科技小院时复杂心情的写照。然而这还不算，手机在村里没有信号，断断续续地连电话都打不了，当时本科学校的毕业季还未结束，总是还能看到同学们在朋友圈里晒各种毕业的美照，而李建丽在一个村里边已经开始了自己新一轮的研究生生活。这新的研究生生活不是在超净台前，不用穿白大褂，也不用抱怨会沐浴不到阳光。与之前在本科学校实验室中微观的实验环境完全不同的是，这是宏观的大田试验，试验是用来解决当地的生产问题，布置在农户的地里需要跟农民打交道。不仅如此，在这里除了自己的试验任务外，还有社会服务工作需要做好。到科技小院的当天恰巧赶上老师正在进行农民培训，这也是李建丽第一次见识农民培训是怎样的场面和方式。然而她这个刚本科毕业的外行对老师给农民讲的内容还很陌生，需要补的东西太多了，真的是需要从基本的肥料 3 元素——氮、磷、钾补起。这个起点距离老师给李建丽定下来的目标——枣树"小专家"相差太远了，当时她想也不敢想。她带着各种疑问和困惑住进了枣林科技小院，一个典型的枣粮间作村庄里。李建丽与金丝小枣结缘的故事便开始了。

乐陵市科技小院

科技小院，广阔天地

万亩枣林背后的问题

说到乐陵 30 万亩枣林，大家都会惊讶于它的壮观，被它 3 000 余年的悠久历史所震撼，当李建丽行走在这天然氧吧里时，她所享受的那份惬意和自在也是之前从未体验过的。6 月初也正值枣花开放的季节，那卵黄色的小花藏在嫩绿的叶子下边，小脑袋若隐若现，如同娇羞的小姑娘，美不胜收！枣花盛开着的枣林更是美得无法形容。可在枣林住了几天之后，这美好的枣林印象就被现实打破了，取而代之的是枣农接二连三的问题："枣后期都裂了怎么办啊?""枣丰收了没有销路怎么办啊?"自己平时买来的枣都是完好无损的，却不知真正到生产中的时候还有这么多问题存在。自己是个吃货，吃枣可以，却从未真正见识过大枣林，也不知道枣儿是怎么长大的，面对这一连串的问题自己想帮忙解决却又无能为力。这才从枣林的美景中走出来，开始面对现实，解决严重的生产问题：裂果问题！因为住在科技小院，李建丽每天走进枣林后的第一件事就是学习，从最基本的管理措施学起，向管理了一辈子枣树的李大爷学习，也向地方老师乐龄农业局梁局长学习。功夫不负有心人，从 2014 年 6 月份到 9 月份入学前短短 100 多天时间，李建丽正好跟了小枣一整个生长季，从开花到有幼果显现，到果实膨大进入白熟期，再到着色期看到了半红枣，一直到红枣收获，亲眼见证了小枣从青涩到白熟再到穿上了红装变成待嫁的大姑娘。当然整个过程中，她也亲眼看到了后期严重的裂果现象，着色期以后的阴雨或露水侵入枣果内部就可以使小枣开裂。李建丽跟着枣农一块伤心，他们习惯了靠天吃饭，但是她却要改变这种现实，要找出防裂对策才行。从6月份的相识到9月底的相知，3个多月的时间里，李建丽改变了对"三农"的认知，从最初那个想要逃离的小姑娘到后来变成了这个想要为农民解决生产问题的女研究生。9月份她顺利入学，一个师范学校毕业的外行，在经过3个月的小院锻炼后，同一起入学的其他科班出身的同学相比，落后得没那么多了，专业知识肯定还需要继续恶补。李建丽经过半年的学习，第2年一回到小院时便开始了在小枣上一系列的防裂果试验。

不同于第1年的迷茫和无知，2015年她是有备而来。在中央电视台农业频道上学到山西冬枣上应用的喷施羊奶防裂果技术，就想着在自己地里的小枣上做一尝试。"但当地羊奶不好找，奶牛场倒是很多，不管牛奶还是羊奶，补钙的这一特性是一样的，因为钙可以增强果皮细胞的弹性和韧性，就像房子墙壁使用水泥一样，可以使整个结构更加牢固，不易破裂。"于是李建丽就实施了在枣树上喷施不同奶源及不同浓度牛奶的防裂果试验，最终也发现牛奶在金丝小枣上神奇的防裂效果。看到了试验效果，南夏村的村民便跟着用了起来，后来在一场观摩会中又把李建丽等人引进的这项技术推广到了红枣主产区朱集镇。

金丝小枣的"私人定制"

但即便是经过喷施牛奶处理的枣果，裂果率还有40%。能不能有个万全之策，把这40%的裂果也给保全住呢？其实正常生长的小枣是不裂的，主要是因为着色期以后的雨水。枣果内部的渗透压高，渗入枣果内部的雨水很容易在短时间内撑破表皮。让其彻底地隔绝雨水，把小枣罩起来不就行了？李建丽通过山西农科院的王宝明教授，联系到了山西榆次枣袋的制造商，说明了这边的情况，对方免费给了100个枣袋，可又发现了问题：乐陵这边的枣果枝条太大，袋子套不进去。于是李建丽就带领当地村民赴山西榆次，向枣袋制造商说明金丝小枣的情况，增大袋子的尺寸对袋子进行改进。这次李建丽带回来了 500 个枣袋，回来后开始对小枣进行多果套袋防裂果试验。这一年在袋外 84% 裂果率的情况下，李建丽袋内的小枣全保住了，100% 的无裂果。试验虽然取得了较好的效果，但考虑到较高的人工费用和袋子成本费用，枣农接受起来有些困难，不过当优质果的价钱超过每公斤 4 元钱时（劣质果每公斤 0.6 元），袋子的作用就凸显了出来，除去枣袋和人工成本，每亩枣园至少能多收入 800 元。

专利技术，一举两得

为了给枣农想一个更加方便而又能普遍使用的防裂对策，李建丽的关注点便从树上转移到了树下。既然转移到了树下，就需要先考虑树下的问题，由于枣园长期不进行耕作，土壤紧实度较高，使得农民施肥困难，施肥深度较浅，深层根系得不到营养。于是李建丽就从局部解决问题，自己设计了一种枣树专用肥——棒肥，其配方是专门设计的防裂果配方肥。农户常规施肥只有 10 厘米左右，一亩地至少得一天的时间，但结合棒肥的施肥工具，两个小时就能完成了，而且可深达 20～30 厘米，既提高了枣农的施肥效率，又降低了裂果率，一举两得，因此深受枣农的青睐和欢迎。

小枣裂果　　　　　　　　　　　与张宏彦老师探讨问题

李建丽的包地历程

为了顺利开展这一系列的田间防裂果试验，也为了将试验技术展现给更多的枣农，李建丽萌生了承包枣园的想法。初春伊始，经过一番打探和考察后终于在 4 月底敲定了这件事，承包下了一片共有 170 棵枣树的枣园。这在别人看来可能是一项巨大的工程，但初生牛犊不怕虎，她自己也想通过这次尝试，把自己所有的防裂果试验融合进去、展示出来。于是，李建丽从此自己拿起锄头和铁锹，当上了枣农；开展田间试验，用仪器观察记录田间一手的试验数据，她又成了做研究的女硕士生；开展农民培训和田间观摩，便又满足了李建丽当老师的愿望。枣林与李建丽相伴，真真切切地陪她走过了 2015 年的 245 天。时间进入 8 月中下旬，之后的每一场或大或小的秋雨都会揪着李建丽的心，雨停后她第一时间到枣园查看裂果情况。印象最深的是 9 月初深夜的那场雨，它让李建丽躺在床上翻来覆去睡不着。"雨夜未能眠"的不仅仅是她，还有乐陵 30 万亩枣林的守候者——辛勤耕耘的枣农。与 2014 年邂逅枣林 3 个月的相识相知不同的是，2015 年枣林陪伴了李建丽整整 245 天，她见证了枣树萌芽、抽枝展叶、开花、结果、枣果着色成熟的每一个时期。打枣的前一天，驻足在自己的果园里，真心不舍得那满树的"红艳艳"。在夕阳的映射下，鲜红的枣果仿佛把天上的云彩都染红了，那是红枣主产区朱集镇最美的时节。而李建丽，那张已经晒得黝黑的面庞，显得更加坚定和自信了，内心也增加了一份对枣林由衷的热爱。当年的小枣丰收了，大家普遍都是在家里等着小商贩低价来收枣，挑选出来的不错的小枣 1 公斤还卖不到 4 元钱。为了能够让小枣"走出去"，化被动的市场局面为主动，李建丽在网上建立了自己的淘宝店铺，成功出售了自己果园的小枣，同时也帮枣农销售了囤在他们家里的枣，一季的辛苦都值了。从试验为降低裂果率做了贡献，到在寻找市场的过程中当上了小老板，顾客和枣农的好评让李建丽感到十分欣慰，也第一次体会到了这种满满的成就感和被需要的感觉。是枣林伴随着她的成长！

2015 年从科技小院第一次回学校是 10 月 26 日，为第二天的奖学金答辩做了简单的准备。自从 3 月 6 日离开的学校，一转眼大半年就过去了。公示结果时她出人意料拿到了专业一等奖学金，并获得"中国农业大学三好学生"荣誉称号，2016 年拿到了硕士研究生的国家奖学金，同年 12 月

被教育部授予了农业硕士实习实践优秀成果奖。每一个小院人的身后都有一段属于自己的励志故事，李建丽的成长故事就如同自己在小院里炒的第一盘菜一样，酸甜苦辣咸，五味杂陈。这段科技小院的成长历程、这2年多来与金丝小枣结缘的故事将是她人生一笔最宝贵的财富，使她受益终生。

田间劳作的"小老板"　　　　　　　收获满满

怀揣梦想，仗剑走天涯

——刘志强

人物简介：刘志强，1990 年 11 月生，河南省新乡市卫辉市人，中国农业大学 2014 级研究生，本科毕业于河南农业大学。2013—2015 年曾阶段性地驻扎在河南禹州科技小院、广西田阳科技小院和广西金穗科技小院生活和学习；2015 年 7 月创建了第一所具有国际特色的老挝金穗科技小院，主要从事老挝香蕉种植管技术集成与创新研究，期间担任企业生产技术部副经理。在校期间，发表科技论文 4 篇，连续 2 年获得硕士学业奖学金，获得 2016 年度中国现代农业科技小院网络"惠泽三农"杰出贡献奖、2017 届中国农业大学优秀毕业生等荣誉。

缘起河南　定情热区

2013 年，刘志强在河南禹州科技小院第一次体验到了不一样的大学生活，白天和村民一起搬化肥、打农药，晚上和同学们一起看文献、写报告。如此简单而充实的农村生活让他对"科技小院"产生了浓厚的兴趣，他幻想着去"科技小院"建设的起点去看一看，幻想着未来是否会有一个属于自己的小院，幻想着有一方土地因为自己的付出而变得炽热。

经过 1 年的奋战，正如他无数次幻想的那样，他来到了"科技小院"的起点，成了中国农业大学的一名研究生。没等到开学，刘志强就已经迫不及待地想要到小院去看一看，不同的是这次身边不再是熟悉的小麦和玉米，而是变成了美味的杧果和樱桃番茄。在广西田阳科技小院生活的时间很短暂，但是广西的蓝天、杧果的香甜、樱桃番茄的多汁都成了他记忆中抹不去的南方元素，尤其是李老师大口吃杧果时衬衣沾上果汁也不肯放下手中果子的囧态，像果农一样执着和可爱。

褪去稚气　接受历练

2014 年春节的鞭炮声还没有散去，李老师的行军令已经到了家门口，对于满怀激情想要独自出去闯一闯的刘志强来说，这是最好不过的新年礼物了。2015 年 2 月 27 日，他再次回到了南方，回到了他念念不忘的热区，来到了广西金穗科技小院。但是经过不到 3 个月的时间，他还没有搞清楚香蕉到底是怎么长的，就被企业作为技术力量派到了生产一线。企业领导在出发前叮嘱他要在生产中成长，"做中学，学中觉，钻进去，悟出来"。对他来说，这不仅是叮嘱，更是领导的要求，是一份不能辜负的期望。

老挝时间 2015 年 5 月 19 日晚上 11 点，经过 36 个多小时的车程，翻越 1 545 公里的山路，刘志强来到了广西金穗农业集团位于老挝乌多姆赛省孟昏县的香蕉种植基地，从他当天的日志里我们可以感受到，当时的景象大大地超出了他的预期。

"不可否认的是，当我们每次开启一段新的征程的时候，情绪都是复杂的。未知的挑战催生了我们对过往无限的怀念，这种安全感的缺失源于对现状的熟知以及对远方的陌生。我们总是在憧憬未来时信心满满，在迈出第一步的时候惶惶不安，现实可能的结果与我们心中期许的答案之间的不确定性使得这份让人喘不过气的担忧久久不能散去。恶劣的生存环境一次又一次地冲击着我一路奔波后迟钝的神经，那种担忧随着屋顶慢慢聚集的各种虫子不断地升温，就在巨大的落差感将要冲破我承受力阈值的时候，疲惫的大脑提前选择了休眠。我睡着了。"

然而与日后生产过程中的挑战相比，眼前恶劣的生存环境简直不值一提。从 2015 年 7 月老挝科技小院成立的第一天起，刘志强就面临着老挝香蕉种植过程中旱涝交替的气候问题，土壤黏重的改良问题，水资源紧缺的调配问题，老挝生产资料匮乏引起的生产成本问题，老挝劳动力缺乏生产技能、宗教信仰、民族矛盾等问题，中老进出口贸易的风险问题，香蕉黄叶病防控问题，香蕉产量和品质提升的问题，肥料等生产资料进出口贸易的问题等，此外还承受着试验示范、科学研究和毕业论文的压力。诸多挑战让他不但没有空闲停下来好好欣赏下自己的小院，还差点因此迷失了方向。

脚踏实地，彻底蜕变

在开始的很长一段时间里，他都无法安然入睡，找不到自己的方向，甚至第一次产生了退缩的念头，于是在痛苦中他不得不拨通了 3 500 多公里外李老师的电话。李老师的鼓励成为支撑他内心最厚重的力量，让他坚定了继续干下去的决心："沧海横流，方显英雄本色；青山矗立，不堕凌云之志"。

数十次的走访调研、上百次的农民培训、几千个小时的田间观察，他把所有时间都用来武装自己。在走访老挝金三角传统香蕉种植产区的时候，他掌握了老挝香蕉的种植规模、种植方式、贸易习惯和物候期；在文献查阅和实验探索过程中，他掌握了老挝的农业资源禀赋，搜集了当地气候资料，记录了老挝北部山区香蕉生长的发育规律，分析了老挝北部山区

的土壤养分状况；在生产培训过程中，他熟悉了老挝劳动力的结构特征、知识水平，锻炼了自己的胆识和逻辑思维能力；在田间观察的过程中，他结合理论知识，不断地改进生产方式，调整了灌溉制度，制定了香蕉花果期管理技术，改善了香蕉采收方式等，极大地提升了生产效率；在生活中，他了解了老挝农民的宗教信仰、民族特征、生活习俗等，为企业在制定规章制度和管理方法上提供了重要的信息资料。

在生产中近 400 天的磨炼，在他身上已经察觉不到初出茅庐时的稚气，蜕变后的他已经可以气定神闲地处理生产中各种棘手的问题，成为了企业生产管理中的一位谋士。2016 年 9 月，企业正式任命刘志强为生产技术部副经理，负责 13 000 亩香蕉的生产技术方案和贸易规划，负责管理 86 名中老籍生产人员的技术团队，负责 314 户承包户的生产技术培训。同时，他非常顺利地完成了自己的科研工作，得到学校和老师的认可，荣获 2016 年度中国现代农业科技小院网络"惠泽三农"杰出贡献奖、2017 届中国农业大学优秀毕业生等荣誉。

回顾 3 年来的小院生活，他认为学科老师们身体力行做农业的情怀和小院学生们对农业义无反顾的热爱是最值得学习的精神。

老挝小院

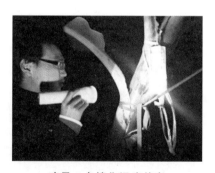

凌晨 4 点搜集温度信息

在南方成长的北方小姑娘

——王金乔

　　人物介绍：王金乔，女，河北石家庄人，2014 年毕业于广西大学，后考入中国农业大学资源与环境学院。2015 年 3 月入驻广西金穗科技小院，从事火龙果养分管理的相关工作，期间获得学业一等奖学金 1 次，发表学术论文 5 篇。毕业后留在广西金穗农业集团有限公司，从事火龙果的生产管理工作，期间发表专利《一种红心火龙果营养生长期的肥料施用方法》，并于2017 年获评公司优秀员工称号。

作为一个北方来的小姑娘，在广西大学读了 4 年的本科，经历了寒暑假的一票难求，尤其是春运，能不能买得上回家的票全靠运气的"痛苦"后，王金乔迫切地想要回到一个离家近一点的学校，所以义无反顾地考取了中国农业大学。然而导师李晓林老师的一句话却打破了王金乔美好的想法："金乔，以后你的根据地就在广西金穗科技小院了！"于是，2015 年春节一过完，王金乔就收拾行李来到了广西金穗科技小院。

作为一个在南宁读了 4 年书的北方人，火龙果都没吃过几个，更别说知道火龙果是长在树上、地上还是水里的了。为了更好地了解火龙果，熟悉了这里的环境之后，王金乔就自动请缨住到了基地，开始了她在火龙果地里摸爬滚打的日子。

学习技能，增长知识

在金穗科技小院必备的交通工具就是摩托车，记得以前在家时父亲提过很多次说要教王金乔骑摩托车，都被她"无情"地拒绝了：这样小小的身板怎么能驾驭那个庞然大物呢。但是在这里每个人都有自己的事情要做，不会骑车就只能靠双脚，每天都会有一大半的时间浪费在路上。迫不得已的情况下只能学习，没想到王金乔居然无师自通。过年回家她还跟爸妈说起自己会骑摩托车了，可他们就是不相信，非要她骑着家里的摩托车溜一圈才肯相信。

生活不总是一帆风顺的，有一天王金乔和场长在地里观察火龙果长势的时候发现，有几株火龙果长势很差，枝条干瘪发黄。她对着火龙果看了半天都不能确认是什么原因，查文献，咨询同行，大家也都是一头雾水。在老师和师兄的指导下，大家在地里挖了一株确认有病的火龙果，从头到尾进行了解剖，并对果实、花苞、枝条和根系进行了检测，最终发现是根里面一种叫"根螨"的害虫在危害。他们对症下药，最终解决了这个问题。

火龙果没有叶片，为了适应长期的干旱环境，叶片退化成了刺，刺座沿着枝条边缘生长。为了完成公司安排的任务：制定一份科学的火龙果施肥方案，王金乔需要每隔两个月就进行一次采样，对枝条进行分解。有一次一个同学来帮王金乔采样，男生力气肯定比女生大，王金乔就把采样工具递给了他，第一剪刀下去他就叫起来了。原来，王金乔忘了提醒他火龙果有刺，他没注意被刺扎了，别看火龙果刺不大，被扎一下也要痛好久。看他犹豫着不敢再下手，只好让他给自己打下手采样了。王金乔没有因为现实条件的艰苦就逃避自己的责任。凭着这股韧劲，她顺利地完成了公司布置的任务，制定了一份科学的火龙果施肥方案，为公司节约肥料成本约500 元/亩。

王金乔的坐骑

是否继续做农业？

做农业很辛苦，尤其是对女生来说，要天天出差，去的也都是偏僻的农村。若是交通方便还好，有些地方可能要飞机转火车，再从火车转大巴车，甚至可能大巴车后还要再走上几公里才能到。到了农村后还要面对语言不通、被当作坏人赶走或者干脆都没有人理会的情况；有时甚至连节假日都没有，因为这正是农忙的时候。

王金乔本科宿舍有 8 个人，其中仅有一人从事了和农业相关的工作，她说她的工作就是天天下乡，一周 7 天有 5 天都是在下乡，每天一睁开眼想的第一件事，就是今天要去哪个村，以至于自己天天都穿得很"土"。

毕竟下乡如果穿得花枝招展的话，大概率是谈不成业务的，所以有时候看到周围的小伙伴穿得很漂亮、很光鲜亮丽，她也会偶尔怀疑自己为什么要从事这个行业，为什么不能好好地享受自己最青春、最美好的岁月。但是看着自己的产品帮助农民治好一个又一个病虫害，面对农民真诚谢意的时候，那种怀疑瞬间烟消云散。

研究生毕业时王金乔也在思考，到底要做哪方面的工作，但是王金乔一直觉得"学农而不做农是中国农业的悲哀"，也希望能将自己研究生阶段的成果发挥出来。毕业后王金乔选择留在了公司，也承蒙公司领导的看重，给了王金乔充分发挥的空间，1年的时间从一名技术人员到技术主管再到现在的技术部副经理，并于2017年获得公司"优秀员工"称号。

驻扎在科技小院的时候，王金乔也迷茫过，困惑过，但是毕业之后再回头来看，她无比感谢这段经历，因为这段时间是她成长最快的阶段。作为师姐，她有一句话送给大家：希望每一位科技小院人都能"精耕中国，解民生之多艰；基业长青，育天下之英才"。

集团优秀员工北京行

火龙果"万亩灯光秀"

在时光里开出花儿来

——刘晴

　　人物简介：刘晴，女，1993年8月生，河北保定人。2015年入学并驻扎曲周"三八"科技小院，成为科技小院科技妇女带头人，带领妇女科学种田，科学致富。2017年3月被评为曲周县"最美女大学生"与"三八红旗手"，2017年8月被评为河北省"寻找今日织女星"活动中的"才女星"。连续2年成为"新生暑期培训"负责人，带领新生认知"三农"，锻炼能力。在校期间担任曲周实验站研究生党支部书记。入驻科技小院期间，多次被当地媒体报道，连续2年获得中国农业大学"硕士一等奖学金""三好学生"等荣誉。毕业后，怀揣着"解民生之多艰"的情怀，考取了北京市丰台区选调生，继续扎根基层。

村里又来了一个小姑娘

"这是你们新来的学生啊？哎呀，不中。"

刘晴始终记得她第一次见曲周县北油村村民玉山时，玉山对她的评价。她的师兄李海朋也用颇为同情的眼神看着她，一切只不过是因为她关不上小院小车的车门，"小姑娘"这样一个称号便冠在她身上。

是的，刘晴不会做饭，不会骑电车，没住过平房，没近距离见过小麦，这也更加印证了大家对她的看法。几天后，村里人都知道又新来了一个农大小姑娘。田间地头的农民大哥大叔们都觉得她柔柔弱弱的，这哪是他们眼里的"农大专家"的模样呢？

感受到村民们对她的看法，刘晴很不服气，她一直记得考研录取动员会上老师们说过的话："希望你们攻读中国农大研究生的这3年是不辜负自己的，是能够有所收获和成长的，也希望你们能真真切切做出一些成绩来。"老师们的话语打动了她，她带着情怀来到农村，绝不能做一个什么都不会的小姑娘。下地，学做饭，学骑车，做农活，学科学种植技术，做实验……在不断克服困难的过程中，她也逐渐练就了一身本领。

妇女们多了个大妹子

解民生之多艰，就要到农村去。平矮飘摇的房屋、简陋的摆设、天然的厕所坑……这些农村景象才是农民生活水平真实的写照。看到这些场景，刘晴脑海里浮现的都是"解民生之多艰"的校训以及老师、前辈们为"三农"事业奋斗的情景，她决定扎下根来，不当逃兵。

2016年3月，刘晴正式成为了"三八"科技小院的负责人。这个小院是由她的3位师姐针对曲周县农村妇女参与粮食生产的现状及存在的现实问题，利用该村妇女带头人王九菊的农家小院建立的。小院的留守妇女们从此又多了一个大妹子。但同时，她也是唯一一位"三八"科技小院的学生。她有点迷茫，略带不知所措，"三八"科技小院的师姐们一届接一届地来服务，来奉献，同时也一届接一届地毕业了。师姐们在的时候，小院

的产量已经节节攀升，舞蹈队创立起来后幸福指数也越来越高。

优良的传统不能荒废，她每天下地查看作物长势，及时记录数据，定期给田间学校学员搞科技培训，定期举办舞蹈队的活动，为他们传播科学技术的同时，丰富她们的精神生活。用了几个月的时间去熟悉这些妇女后，她发现技术指导带来的产量收入终究是有限的，而这些留守妇女都是没有其他收入的，要想帮助她们改善生活质量，更多的经济收入是必要因素。刘晴内心的一个想法油然而生，她可以带领妇女们走出一条创收路来。

于是，她开始摸索各种创收模式，老粗布加工、编织袋、藤编技术、自行车零配件……各种能够在家里边干农活边挣钱的方法她都去考察和摸索了，与当地县妇联对接，与加工企业对接，最终选择了发展手工业——制作老粗布布袋子。搞宣传，接订单，收取手工加工费，从最开始的零订单到最后的上万张订单，只用了一年多的时间。妇女们都开心起来了，直说刘晴是她们的亲妹子。

手工工艺品加工订单

"小姑娘"变成"女汉子"

2年多的时间,让刘晴有了很大的蜕变,从十指不沾阳春水的"小姑娘"逐渐成了能够独当一面的"女汉子"。

入驻科技小院期间,组织农民培训 29 场,主讲 16 场;农户走访调研 6 次,田间指导生产问题 80 余个;示范方统一管理,统订种子 2 500 公斤、肥料 6 吨;日常举办文娱活动 43 场,参与晚会 19 场,其中主办 10 场。

参与田间观摩会 3 场。作为两届新生暑期培训活动负责人,撰写培训日志 1 892 篇、三农问题调研报告 70 篇,组织农民夜校培训 42 余场,组织学生暑期补习班 54 场、450 人次,接待参观 30 余次、媒体报道 9 次。2017 年 3 月,新华社以《女研究生刘晴:把论文写在田间地头》为题对她进行了专题报道;2017 年 3 月,被评为曲周县"最美女大学生"与"三八红旗手";2017 年 8 月,被评为河北省"寻找今日织女星"活动中的"才女星";连续 2 年获得中国农业大学"硕士一等奖学金""三好学生"等荣誉;在校期间担任曲周实验站研究生党支部书记;2017 年,曲周实验站研究生党支部与中共曲周县委的红色"1 + 1"党支部共建活动获得北京市三等奖。

三千云月,定是好时光

从小院毕业后,刘晴选择了考取北京市丰台区大学生村干部岗位,她说这是她与农村的约定,她会始终牢记中国农业大学"解民生之多艰"的校训,继续扎根基层。

"这不是终点,我恰恰站在了起点上,"刘晴如是说。一路走来,她和农村的那个约定始终在激励着她,给予她力量。她又想起老师说过的一句话:"学校的使命,是让你们做天下之英才,而你们的使命,是解民生之多艰。"这样的使命感和责任感,需要大家共勉。

接下来,她还会继续拿出她的洪荒之力,凝练潜质,践行情怀。在这一个新的起点上,为她和农村的约定插上美好的翅膀。

蓝天白云下的青春，注定是生命历程中不可磨灭的。那黝黑的脸庞和臂膀，定会见证青春最好的时光……

我的小院我的家

田间工作

洛川苹果的故事
——杨秀山

人物简介：杨秀山，男，1991 年 6 月生，山西孝义人，中国农业大学 2015 级植物营养学专业硕士研究生。2016—2017 年驻扎在洛川科技小院进行科研学习及社会服务工作。在校期间，共发表 4 篇文章，其中 2 篇第一作者，并获得 2015—2016 学年研究生二等学业奖学金、2016—2017 学年研究生一等学业奖学金、2018 年中国农业大学优秀毕业生等荣誉。2018 年毕业考取北京市选调生，现在北京市平谷区南独乐河镇人民政府工作。

陕北黄土高原服务果农

杨秀山在小院期间，通过自己的努力对当地苹果产业链进行服务，主要是为当地苹果产业提质增效，提高农民收益。具体工作如下：在前期，针对当地苹果产业进行了调查，从农户特征、管理水平和销售进行了系统分析，发现当前存在的问题——果农的科学素质低，对基本的氮、磷、钾和果树需肥特点不了解；在管理的过程中，劳动力不足、肥料利用率低；在苹果销售出现了严重的同类化和恶性竞争，没有议价能力。针对当前出现的问题，开始组织当地果农进行培训，主要为果农讲解果树、肥料和农药的基础知识、当季果园需求，主要目的是为了提高果农的知识和管理水平。他骑着摩托车背着投影仪（移动教室）走过洛川 7 个乡镇和 2 个街道社区的 40 多个村庄，共培训 47 场，培训人次达 1 200 余人，辐射面积达 1 万亩。从 2016 年 3 月份创建并入驻洛川科技小院，开展配方优化施肥和有机肥替代化肥的研究。9 月份开始参与苹果化肥农药减施增效技术"四零"服务模式课题的研究。

在杨秀山传播知识和技术的同时，也在寻找能解决当前主要问题的技术。在栽培管理上，由于花期和坐果期较短，要在短时间内完成疏花疏果，需要大量的人工。在苹果减化肥、减农药（简称"双减"）项目里，有专门做绿色安全的疏花疏果技术，于是开始积极引进，并在果农果园里进行试验示范。通过对比，让果农直观地看到了效果，而针对这项技术，对果农积极进行培训，很多果农开始在自己的果园进行尝试。针对肥料利用低，杨秀山积极推广水肥一体化技术，在合作社的支持下，他多次组织举办水肥一体化现场观摩会，并被聘为当地合作社技术指导老师，在果园为果农实地讲解水肥一体化技术和具体的操作流程。截至 2017 年底，促进了当地 500 亩果园开始安装使用水肥一体化。通过利用合作社的平台，搭建实验室，推动测土配方技术在当地的推广使用，利用他的专业知识进行科学取土测土设计配方，让 100 多户果农可以用到配方肥，实现精准施肥

的目的，减少资源的浪费和环境的污染，最后也取得了较好的效果，苹果
各项品质指标都得到了提高。

交通工具　　　　　　培训工具　　　　　　培训现场

创新培训方式

通过多次的现场培训，杨秀山发现有一部分果农不能到现场来听课。
经过详细的调查，发现很多是因为白天忙于农活，有时无法抽出时间去培
训。为了让更多的果农学习到技术和果树的基础知识，和当地果农多次讨
论后达成共识，他开始尝试通过微信群进行语音授课。新的培训方式充分
利用大家的休闲时间，目前进行了 20 多次网络培训。通过微信的互动，大
家的基础知识水平开始逐步提高。同时，网络培训这种模式也逐渐被当地
民间组织和农资经销商认可和模仿。此外，在项目资金的支持下，他制作
了科技日历，将果园管理和日历结合起来，将技术融入日常生活中，帮助
果农更好地理解和应用技术。截至目前，共计发放科技日历 800 份。

实现果农增收

解决主要的生产问题之后，杨秀山面临的实际问题就是销售的问题。
我国是苹果生产大国，产业面临同类化的问题，在提高品质的同时，如何
让自己的苹果脱颖而出，卖出高价，提高收益。于是杨秀山开始在苹果营
销上进行积极探索。在小院的第 1 年，开始尝试在网上销售苹果，通过自
己的探索，他发现了当前果品流通的过程中的问题，尤其是苹果的高品质
并不能给果农带来高收入。在小院的第 2 年，他开始尝试将苹果生产过程

和后期品质做成可追溯的二维码，在苹果的包装上贴上二维码，让顾客可以更好地了解苹果的生产和品质，从而提高苹果的价值。他不仅帮助果农建立生产可追溯机制，还帮助合作社创建品牌，通过增加苹果的经济附加值，提高果农的收入。

果园指导　　　　　与果农现场交流　　　　　微信培训

克服恐惧，战胜自我

——牛晓琳

人物简介：牛晓琳，女，1992 年 7 月生，山东临沂人，中国农业大学植物营养学专业硕士研究生。2015—2018 年期间，驻扎在山东乐陵王清宇科技小院，研究新型肥料对金丝小枣优质高效生产的促进作用。其中近 2 年的时间，她一个人承担起整个小院的运作，驻扎在枣乡，每天去枣林观察枣树的生长发育过程，为农民解决生产中的实际问题。因为喜欢这片枣林，哪怕只有一个人她也要留下来；她深爱着这个地方，因为热爱而撑起了一个小院，也赢得村民的一致赞赏与认同。驻扎科技小院期间，共撰写核心科技论文 6 篇，提交金丝小枣专利一项，并于 2018 年被评为"北京市优秀毕业生"。

初入枣林，为万亩风光所吸引

"天呐，这里居然有这么多的枣树"，牛晓琳第一次来到枣林就被万亩枣林的景观给惊艳到了，"我从没见过这么多的枣树，哈哈，以后可有的吃了。"这是牛晓琳对乐陵的第一印象，心里非常兴奋，也充满了期待。

突破自我，深入实践

入住科技小院的第 2 年，面临师姐们的毕业，王清宇科技小院就只有牛晓琳一个人了，老师们担心她一个人的安全问题，提出让她搬到乐陵的另一所小院去，她考虑再三，还是决定留下来，把科技小院的工作维持下去。"如果我不住在这里，就不能跟这里的农民实时实地地交流，也不能随时随地地观察田间地里、农民生产生活中存在的问题，就不能了解农民，更不能让他们信任我。"一个人继续开展小院工作，对牛晓琳来说，面临的最大的挑战就是该如何面对黑夜的到来，她从小就怕黑，夜里一个人的时候从来不敢关灯睡觉，每当夜晚到来就成了牛晓琳最恐惧的时刻。经历了几夜的失眠，她决定要想办法克服这一难关。她在网上买了一些书，在学校的图书馆下载了很多文献，在不断读书、学习的过程中，她发现自己能够静下来了，也没那么害怕了。自己一个人在小院，白天去枣林布置试验，去走家串户，晚上就安静了很多，也是她在最轻松的时刻，因为她有充分的时间去整理和学习，也因此在核心期刊上发表了 6 篇科技论文。

乐陵为盐碱地区，土壤板结严重，土壤中金属离子不易被根系吸收，容易造成果树的养分失衡。牛晓琳通过树干注射的方式给枣树"输液"，平衡树体所需营养，使果树产量提高了 15%，裂果率也降低了 35%～47%，使枣农的收益大幅度提高。牛晓琳在枣树各项技术上的应用得到当地政府的关注，当地镇政府组织各村村民去听她讲技术。为了把技术推广出去，让更多的枣农学习，她还去周边的村里进行技术宣传，让更多的农民了解金丝小枣种植管理技术。

在锻炼中不断成长进步

为了把技术应用到实际生产中，牛晓琳在当地科技小院所在村承包了150 棵枣树，跟农民一起学习枣树的种植管理经验，并且把自己的试验布置到承包地里，把自己的枣园打造成示范基地，希望让更多的农民看到技术的效果并学习先进技术。此外，牛晓琳和另一所科技小院的同学一起，在乐陵的主要枣产区及粮产区开展各个村的培训大讲堂，牛晓琳负责枣树的管理技术宣传，其他同学负责粮食作物的技术宣传。在一次次的技术宣讲和帮助农民解决问题的过程中，她们也逐渐变得更加成熟稳重。牛晓琳还和师姐一起举办"科技大集"，在聚集众多人口的农村集市上给农民讲授枣树生产技术，发放金丝小枣生产技术宣传页。

为了丰富乡村文化生活，她和同学一起举办盛夏晚会，拉近与农民之间的距离；她还和师姐一起举办了"红枣评比大赛"，鼓励枣农的种植热情；在农村连续 2 年的时间为村里的留守儿童进行免费的暑期辅导，帮助他们更好地学习。2016 年，牛晓琳带领一批中国农大的本科生在科技小院所在地进行暑期社会实践，获得了校级社会实践二等奖；她还帮助农民利用网店的形式销售红枣，使得枣的销售价格比平时多了 1 倍。

牛晓琳在小院的表现，得到当地村民的一致认可，她们把她当成了亲闺女，家里不管做啥好吃的，都会给她送一些，每当这时候，她都觉得在小院所做的一切都特别值得！

因为热爱，继续前行

在科技小院这几年的时间里，每天与枣林为伴，以小枣为食，她深深地热爱着这片土地和这片枣林，正是因为热爱，她开始思考。她发现枣树上有很多她解决不了的问题，比如，枣疯病为什么到现在都没有研究出解决办法，只能刨根？为什么果实会出现裂果，有没有什么办法能让果树不再出现裂果现象？她想追求更深层次的理解和寻找这些问题的解决办法。2018 年，牛晓琳来到食品学院食品生物技术方向继续攻读博士学位，研究方向是从分子方面研究果实的成熟机理，她想通过这项研究，能够深入地理解果实的成熟机理，希望有朝一日在解决裂果问题上取得突破性的进展。

她说在科技小院这几年的时间，是她变化最大的几年，也是她成长最快的几年。科技小院锻炼了她，让她学会思考，学会沉淀自己，不管以后走到哪，科技小院的精神一直都是她前进的动力。

接待参观　　　　　　　布置试验　　　　　　　夜间培训

发生在两个科技小院的故事

——尼姣姣

　　人物简介：尼姣姣，女，1992年10月生，河南漯河人，2015年考入中国农业大学资源与环境学院。研究生期间，创建2个科技小院，2016年2—10月，一个人在贵州湄潭县建立"湄潭科技小院"，开展茶叶营养施肥及生产调研等工作；2017年2—12月，在重庆万州建立"万州科技小院"，开展柑橘养分管理及农业服务工作。在校期间，获得硕士学业一等、二等奖学金，校级优秀毕业生以及科技小院网络颁发的各项荣誉。毕业后，在中国农业大学研究生院、全国农业专业学位研究生教育指导委员秘书处工作，为全国农业专业学位研究生教育事业服务。

初建小院，挑战不断

2016 年 2 月，尼姣姣一个女生驻扎在农户家里，开始了湄潭科技小院的建院工作。"来到一个新的环境首先要学会听、说当地的方言"——这是尼姣姣来到小院的第一个难题。生长在北方的她对于贵州湄潭这个地方的语言有些陌生，明明面对面的两个人却说不到一个话题中去，内心很是煎熬。后来，农户的热情加上她的耐心，总算是勉强克服了语言不通的这个障碍。

一波刚平，一波又起。刚刚通过语言关的的尼姣姣就接到导师李晓林教授的电话：计划在湄潭科技小院开展一次茶叶试验观摩会，面向农业农村部、贵州省的有关领导以及几百号人的茶叶种植户。第一次接触这种大型的观摩会对于尼姣姣而言是个巨大的挑战，在导师李晓林教授的指引下，一次次的路线考察、一次次的会议对接、一次次的汇报演练，让她越来越从容，功夫不负有心人，观摩会的这天，尼姣姣作为湄潭科技小院的"院长"第一次拿着话筒，向各位前来考察的领导介绍着湄潭科技小院的故事，汇报着湄潭科技小院的工作。湄潭科技小院的努力也得到了各位领导的支持和赞赏。观摩会的成功举办，也为尼姣姣在科技小院的学习和工作画上了绚丽的一笔。

初到小院　　　　　　　　　　介绍茶叶科技长廊

每个驻扎在科技小院工作的学生都有很多难忘的回忆，尼姣姣也是如此：开展田间试验的艰辛，第一次做农民培训的激动，在农户调研的过程中经历的坎坷，协助本科生完成暑期社会实践的满足，热情农户介绍男朋友的意外，和土肥站同事一起旅行的愉快，等等。在湄潭科技小院的日子，虽然很辛苦，但对于尼姣姣来说，却是一段无法复制的宝贵经历。

再建小院，游刃有余

2017 年 2 月，由于工作需要，尼姣姣结束了在湄潭科技小院的工作，来到重庆万州建立万州科技小院。前期通过对 24 家柑橘种植大户、接近 3 000 亩面积的生产调研，根据发现的问题，尼姣姣协助政府项目进行柑橘生产水肥一体化技术的实施摸索，取得了节水节肥等一系列成效：在劳动力方面，节省了 50%的劳动力，对当地劳动力匮乏的问题有了较好的解决途径，同时开展以示范区为中心的观摩活动，促进技术的交流和推广；在营养施肥方面，结合柑橘生长规律，在花芽分化期、坐果稳果期、果实膨大期、越冬基肥期 4 个时期适时适量地进行不同配比专用肥的施肥方案设计并开展田间试验，以此来调整当地柑橘施肥存在的用量大，氮、磷、钾比例不均衡的问题。与此同时，针对万州区柑橘品种"玫瑰香橙"出现的着色不均衡以及蜗牛危害难以治理的问题，结合龙蟒集团产品资源进行田间试验探索。在此期间，结合万州区果树推广站的资源进行田间技术培训，为农户普及合理修剪和施肥技术，并借助企业资源免费为农户田间取样测土，针对土壤养分情况设计相应的施肥方案，累计服务果园面积 2 000 亩，编写施肥建议 12 个。

在科研工作及科技服务的基础上，尼姣姣参与编写技术手册 1 本，发表文章 4 篇，获得校级一等、二等学业奖学金，校级优秀毕业生等荣誉。

万州科技小院

果园调研

中国农业大学研究生院工作人员合影

毕业小院，不忘初心

研究生期间从南到北，从北到南，每一次的出发都是为了再次的发光发亮，通过"科技小院"平台的锻炼，尼姣姣有了很大的成长和收获。毕业后，服务于母校，在中国农业大学研究生院、全国农业专业学位研究生教育指导委员会秘书处，为全国农业专业学位研究生教育工作服务。发扬科技小院精神，继续前行。

漫漫探索路

——张书华

　　人物简介：张书华，男，中共党员，1992 年 10 月生，山西运城人，中国农业大学 2015 级植物营养学专业硕士研究生。作为王庄科技小院第 5 届负责人，他针对王庄村及其周边区域的小麦、玉米生产问题开展研究，并与村党支部委员会和村民自治委员会（简称"村两委"）、合作社合作利用多种途径进行示范推广，使王庄村成了当地闻名的"种子村"。他先后于 2015 年帮助村民建立华心甜养蜂场；2016 年带领 10 位村民建立曲周县助农配肥中心；他还带领村民多次外出参观，探索当地种植结构的改变。他的事迹多次被新华社、《中国教育报》、农林卫视等媒体报道。毕业后进入中化 MAP，继续开展服务"三农"的实践探索。

农村娃又进农村

"出生在山西农村，好不容易走出农村考进北京，却又要回到农村上学。"张书华的很多亲朋好友觉得不可思议。张书华近3年研究生时间都在河北南部的一个小村庄度过。他所在的村庄，是曲周县一个叫王庄的地方，这里有中国农业大学在当地政府支持下建立的王庄科技小院。

张书华依旧清晰记得那是2016年3月16日的一个下午，天气灰蒙蒙的，他背着包、拉着箱子正式入驻了王庄科技小院，院子空荡荡的，孤独之感油然而生。"这么大院子只有我一个人住，刚来时晚上害怕，天一黑就去锁大门，进出门时一看到门窗上贴的五颜六色的剪纸，就会想起电影中的情节，生怕哪晚剪纸变成纸人把我捉走……"张书华说起来有些腼腆。突然一个人住到这么大的地方不仅害怕，他还遇到了一件老大难的事——做饭。由于科技小院位于农村中，只能自己去做饭。作为独生子的他，在家连碗都没刷过，到了科技小院后开始自己买菜做饭，"不会做就'问百度'，第一次做的西红柿炒鸡蛋，炒完总觉得缺点什么，傻乎乎地又放根辣椒进去。"他笑道。

初来科技小院

孤独一人

新官上任三把火

其实对他来说上述的困难可以通过时间克服，让他最愁的是前4届师兄师姐在这里已经干出了很好的成绩，他不知道自己还能干出什么，如何入手。转折还得从一位叫王世堂的村民身上说起。有一天王世堂来小院咨询农业问题，无意间知道张书华的困难后就经常过来陪他。有一次王世堂叫张书华帮忙浇下玉米地，张书华本想着浇地很容易，可是到地里之后不仅困难重重，而且玉米叶给他的脸上都划出了血道，张书华亲身体验到了农业之艰，立志要竭尽全力地帮助农民解决遇到的每一个问题。

为尽快熟悉农村，白天经常到地里观察作物长势，晚上按照上届师姐留给他的王庄村农户分布表到村民家聊天。"聊科技种田、家庭琐事，啥都聊。"他说。在这过程中，他就发现，虽然在前几届的师兄师姐的共同努力下，王庄村总共引进了精量播种、春草秋治等17项高产高效技术，粮食产量得到了显著提高，但是还有增产空间，因为其中的一些技术并没有彻底地落实到位，比如测土配方施肥。为了促进技术彻底落地，他在导师崔振岭的帮助下，联合村民采取股份制方式在村里创办了曲周县第一个配肥中心——助农配肥中心。

最初寻找的创建者是当地合作社，然而合作社考虑到资金及销售问题放弃建配肥厂。他没有放弃，接着寻找村两委，又遭到了拒绝，并且村长和合作社理事长专门跑到科技小院告诉他建配肥厂需要将近30万元，并且大家都没有经验，劝他放弃这个念头。在这期间他也动摇过，可是回头一想到这对于农业的重要性，又让他决定再找村民试一试。在老支书王怀义大爷的支持下，花了将近1个月找了15个有意向的人，随后他又带领这些人到邢台隆尧配肥厂先后参观学习2次，到交钱时又有5人因不敢冒风险而退出了。之后的选址以及讨论运行方案又花了1个月的时间，终于把配肥厂建成了。建成之后又面临着市场上产品的竞争、故意造谣举报等问题，但都被他们一一攻克。

经过半年运行发现，当前市场竞争激烈，农民对轻简化种地的需求越来越高，于是他又从山东引进原种，把推荐的种子、肥料以及技术打包销售给村民，让种地变得更轻简高效。农户在张书华组织的500亩示范方中用了他推荐的种子、肥料以及技术后，小麦长势喜人，颗粒饱满，被周边农户当作种子买了回去，使王庄村成了当地闻名的"种子村"。这些田里的小麦不仅产量高，而且每公斤又多卖0.8元，除去三次去杂人工费的

150 元，每亩比普通农户多卖 330 元。

配肥现场

开会讨论管理问题

他还通过科技广播、科技长廊、科技胡同、田间学校以及村委会广场，举办科技培训 60 余场、田间指导 300 余次，举办文化活动与组织参观超过 40 场，提高了农民的科技文化素质。

整齐的小麦

田间观摩

冬季培训

夏季培训

田间指导

举办中秋晚会　　　　　迎接参观　　　　组织村民到山东参观

科学小院换新颜

科技小院建立以来，经过几届师兄师姐和他的共同努力，通过采用多种措施和推广技术，村里粮食产量增加了42%，高产高效技术逐渐辐射到王庄周边6个村、面积达到2万余亩。如今，王庄村近200户人家全部改变了祖祖辈辈传下来的种地习惯，周边村越来越多的农民也走上了科技种田的道路。

此外，针对当前粮食生产成本高、效益差的问题，他还提出通过调节种植结构、提高产品品质增加农民收入的思路。一方面，组织村民，统一种植优质小麦品种并利用专业所学知识，与合作社联合试验富锌小麦生产技术，开发石磨面粉新产品，增加农民收入。另一方面，积极与水果玉米公司商谈在本村建立水果玉米生产基地，以促进产业结构调整。他还帮助村里发展现有企业，并扶持有意创业的农民去发展新企业，比如帮助村民建立了曲周县华心甜养蜂场，之所以把这个场子取名"华心甜"，是因为他要让养蜂人心系中华，良心酿蜜。"心"同时暗示创新，就是要打破困境。

在他和村民们的努力下，王庄村成为曲周县美丽乡村建设示范村。"在曲周的时光，使我对农业、农村、农民现状和问题的认识更加全面、深入。在这里我不仅当科研者，还当农民、老师、主持人、组织者、创业者……各种角色的担当，使我得到了全面的提高。这是我人生中的一段宝贵财富，将对我的人生产生深远的影响。"张书华说。他的事迹也被新华

社、《中国教育报》、农林卫视等媒体多次报道。

石磨面粉　　　　　　试种水果玉米　　　　　　成群结队的蜜蜂

南方小院培养的北方女孩

——刘林

人物简介：刘林，山东济宁人，中国农业大学植物营养学专业硕士。2016—2018年入驻广西金穗科技小院，参与1 300亩蕉园开发工作，跟踪香蕉整个生长过程，对香蕉育苗、种植、田间管理进行了深入研究。同时关注香蕉蕉果的维护进行，布置田间试验，分析香蕉蕉产量构成因素并探析原因。期间参与探索基质育苗技术，并成功椰糠育苗60万株，完成田间试验10余个；参与开展农业技术培训10余场，组织开展广西金穗农业集团有限公司新入职员工技能培训1场；以第一作者身份发表6篇文章，其中2篇发表于中文核心期刊；获得中国农业大学"三号学生"荣誉称号，被评为"北京市优秀毕业生"。

初来乍到，产生迷茫

广西金穗科技小院是 2015 级新生的殿堂，培育出了多位优秀毕业生，刘林作为被"选拔"到广西金穗科技小院的一员，心里充满着自豪感。于是她只身一人于 2016 年 3 月 21 日正式来到金穗科技小院。初到广西金穗科技小院，她被万亩蕉园深深地吸引住了。但是，当她跟着师兄师姐来到初来蕉园，当被技术人员问及香蕉种植的问题时，师兄师姐都能对答如流，自以为已经学习 4 年农业知识的刘林，却对香蕉生产问题一无所知。她问及师兄师姐为何知道这么多，得到的是统一的答案——下基地，跟踪香蕉，注意每个生长时期。这时刘林才知道，作为广西金穗科技小院的一员，离开小院，驻扎生产基地是必需的历程。

驻扎 1 300 亩生产基地，生产中做科研，练就一身本领

恰巧 2018 年 7 月，金穗公司要开发新的香蕉基地，需要一个人跟踪香蕉种植进度，量化香蕉种植的每一个步骤。于是刘林向领导"请命"，入驻新开发的蕉园，就这样开启了她 500 余天的蕉园生活。她在基地最常干的事情，就是在千亩蕉园中"游荡"，看新植的蕉苗多长时间长出一片新叶，探索新植香蕉苗最适宜的生长温度和湿度，摸索蕉苗多久施用一次肥、打一次药。就这样她从香蕉的苗期跟踪到了收获期，用了整整 12 个月的时间。为进一步明确影响香蕉生长的因素，她在 50 亩香蕉地里布置了 10 余个试验，每一个试验都有相应的数据支撑，为香蕉的规范化种植提供了有价值的参考，并将完整的试验过程和数据整理成 6 篇科技论文发表。

同时，她练就了一身的生活本领。在"铁皮房"里她忍受了超过 40℃ 的高温；克服了独自生活的恐惧；为解放双脚，她克服了胆怯，学会了骑摩托车；更重要的是，她不再害怕与人交流，勇于面对自身的不足，乐于向人请教，增强了自身的沟通能力。经过一年的努力，1 300 亩基地产量创出新高，在香蕉产业竞争激烈的背景下，利用现代技术，使香蕉提早上市 10～15 天，价格平均高出 0.9 元/公斤，总盈利可以达到 300 万元以上。

而且令刘林骄傲的是，她还参与探索出一套基质育苗技术，成功育苗

60 万余株，成活率接近 100％，并在育苗的过程中，总结出一套综合技术，包括香蕉苗养分需求、矮化技术和消毒方法等。经过核算，该套技术可以实现最低成本化，为农业集团高产高效的种植奠定了基础。

推广技术，撑起一片天

经过整整 2 年的时间，她不仅学习到一套香蕉种植和管理技术，而且为了更好地在 1.5 万亩的基地上执行，她还采用了"青年论坛＋基地培训＋田间指导＋激励机制"的方式进行技术推广。期间她完成金穗论坛 4 场、基地培训 10 余场、田间指导平均每周 3～4 次，以及香蕉激励机制的发布与执行 4 次，不仅为香蕉生产提供了有效的技术，还进一步提高了她自身的胆量和表达能力。香蕉技术推广工作的完成，不只是为完成任务而完成任务，也是她锻炼自己和证明自己的一种方式，在 1 300 亩基地中应用的技术，推广到 1.5 万亩的土地上，为香蕉的优质高产贡献一份力量。

清点香蕉数

移栽蕉苗

夜间教学

查看蕉苗培养情况

祖国边陲的澳洲坚果

——董倩倩

人物简介：董倩倩，女，1993 年 10 月出生，江苏连云港人，中国农业大学农业与资源利用专业硕士研究生，导师为申建波教授。自 2016 年学校课程结束后，2017 年 2 月便与研究生赵鑫前往云南省西双版纳傣族自治州景洪市景哈乡，3 月份建立西双版纳科技小院，5 月份一人撑起一个小院，成为第一位长期驻扎在山上、深入生产一线的学生。2 年来，有幸长期驻扎在农业生产一线进行实践锻炼，同科技小院一起成长，见证了科技小院的发展历程。在导师以及云南省热带作物科学研究所的协助下，开展一系列的科学研究、山区扶贫培训和示范推广等工作。

山上建小院，工作难开展

董倩倩，虽然个头小，却有大能量。西双版纳位于云南省最南端，少数民族最多，多为山区，所以在她刚到小院时，就让老师和同学们非常担心。虽有坎坷，但也渐入佳境，老师们担心的安全问题算是解决了。但在她心里担心的不是自己的安全问题，也不是当地的饮食习惯，而是小院的工作开展。小院建在山上，前不着村后不着店，交通不便利，工作难以开展。交通问题有头绪后，调研中又发现寨子里留下的都是老人，讲的都是当地话或者是少数民族语言，这成为第二大难题。就是在这样的环境下，她不但没有退缩，克服了交通难题，学会了听当地话，而且跟当地村民成了好朋友，经常被带到地里解决各种问题，彻底改变了他们对外来大学生不能吃苦的看法。

初上征程，无畏向前

初到小院，劲头十足。在休息的时间，董倩倩会思考自己小院的发展，为小院的下一步工作做好规划。她开始扩大调研面积和调研地点，了解整个澳洲坚果产业的概况以及总结生产过程中的问题。在调研过程中，她建立了云南省澳洲坚果种植户的微信交流群，针对出现的问题制作科技展板，供山上农户直观地学习，就是这样与山上的农户打成一片。她定期在微信群中进行培训，大家也会不时地提出问题。渐渐地微信群中培养了一批科技农民，她成了种植户口中的"小董老师"。随着微信群规模的不断扩大，越来越多的种植户向她请教施肥技术，她提供的施肥方案也确实让这些种植户获利，从而消除了他们心中的质疑。

在了解生产问题之后，她先在 3 座山上开展验证试验，运用植物叶片营养诊断、土壤测土进行专用肥试验和丰产栽培种植技术，与村民同吃同住同劳动，第 1 年试验就得到农户的认可，第 2 年更是获得丰产。一个人也有困难的时候，她说最难过的是上午有工作任务，中午吃个快餐，自己去挂水，挂完水为节省时间继续去工作，所以，她的工作能得到广大农民

的支持与她的辛苦付出是分不开的。在小院期间，她还尝试着创业开淘宝店，帮助周边果农销售热带水果、澳洲坚果蜂蜜等，帮助他们增加额外收入。

全力以赴，脱贫培训

在雨季，收果完成之前农户不能外出工作，董倩倩就开始为农户开展培训，并且每次讲的课都有不同。为了让农户更直观地理解，她有时甚至带着自己的展板，让大家围着她，然后对着展板就开始滔滔不绝地讲起来。在多次的培训后，她越来越有经验，总是讲到农户们所关心的问题，在讲课结束后，还会到地里面更直观地展示营养施肥和修剪技术。微信群的朋友也纷纷邀请她到各处去培训，董倩倩便开始了她的培训之路，从小村子到大农场，一个小投影仪、一个电脑就足矣。虽然走山路她会晕车，她也怕晒黑，但是只要农户们有需要，她就会全力以赴，一直培训下去。因为她清楚地知道，授人以鱼，不如授人以渔。

除了一般村子的培训之外，她还参与研究所和云南省的"三区"，即边疆民族革命地区、革命老区、贫困区的培训。2018年的培训邀请更是不断，她的培训新闻稿还发表在《热带农业科技》上。董倩倩知道山区人民的不容易，所以她愿意去为山里的贫困户送去技术，想通过自己的所学为贫困山区贡献自己的微薄力量。她在2017年获得校二等奖学金，2018年获得优秀培训教师和校一等奖学金，与师姐合作在《植物营养与肥料学报》发表学术论文1篇，这些成绩离不开导师精心指导、热作所老师的鼓励以及广大农户的支持。

由点及面，扩大示范

她还根据自己的试验效果以及丰产栽培技术，在当地建立高效丰产栽培示范基地，并将自己的试验点扩大到云南省西双版纳勐海县、临沧市勐撒镇、普洱市孟连县和墨江县、临沧市云县，先后建立了6处高效丰产栽培示范基地共计800亩，辐射面积近万亩。示范基地的建立为当地农户种植起到了示范带头作用。在平时转山的过程中，她还针对在山上发现的各种问题进行试验，向老师们和同学们请教，真真切切地帮助农户解决生产实际问题，改变了农户的种植思想。

当地农户们了解西双版纳科技小院，并且看到示范基地种植效果之后，其他地方也纷纷向她邀约，请求在他们自己基地建立科技小院。在她的影响下，山上的农户种植模式也发生了很多的改变，这让她感觉自己的辛勤劳动没有白费，她也确实做到了既让农民减少了肥料投入，又达到了增产、增收和提高作物品质的效果。

不忘初心，砥砺前行

在科技小院的日子是董倩倩最难忘的青春岁月，她知道自己在小院的时间有限，所以只用了短短的 2 年，她就与农户建立了深厚的友谊。她常常说，自己到西双版纳建立科技小院是多么幸运，所以非常感恩学校老师和科技小院这个平台，让她收获了研究生期间最宝贵的经历。她说她想一直留在西双版纳科技小院，大山里的农民是最朴实的，也是最需要技术的，虽然她知道自己的力量很小，但她相信"有坚必有果"，因此对西双版纳科技小院充满信心。董倩倩希望西双版纳科技小院在下一年能进一步探索单项技术的贡献率，加大技术服务力度，加入更多的人员力量，辐射更多地方，实现云南省澳洲坚果的提质增效，探索并完善农民科技小院的发展模式，并能对不同小院的模式进行总结和学习。

田间培训

培训大合照

温室花朵，在风雨中成长

——王晓奕

　　人物简介：王晓奕，女，1995 年 11 月生，河北邯郸人，中国农业大学植物营养学专业硕士研究生。2017 年入学起，便跟随科技小院老师们前往农业生产一线，实践和传承中国农业大学"曲周精神"，参与筹建河北曲周县前衙科技小院。自此至今驻扎在前衙科技小院进行科研学习及社会服务工作，成为第一批见证前衙科技小院成长的学生。驻扎期间，积极开展各项专业研究、农技推广、文艺宣传等工作，成长迅速，于 2018 年荣获"国家奖学金"。

"城里姑娘中不中?"

前衙村的村民们第一次认识这个姑娘，还是在村里的大戏台子上，平日爱好舞蹈的她对舞台并不畏惧，向大家大声介绍自己是来自城市里的独生子女，随即便传来村民们质疑的声音："城里姑娘在这住，中不中啊?"面对质疑，王晓奕用行动证明了自己。

虽然她驻扎科技小院仅7个月，却已对前衙村了如指掌，从村民居住情况，到产业发展现状，从领导班子构成，到基础建设历史，王晓奕把这里当作了自己的家。为了能够深入学习葡萄作物体系中每个生长周期的植株生理变化、土壤状况及田间管理模式，她与一同驻扎小院的2位研究生出资承包了一亩二分葡萄地，打造绿色生产及技术集成示范田；与农民一同起早贪黑，日晒雨淋，经常在地头一蹲就是三四个小时，见证了葡萄田的春夏秋冬，感受最真实的农业生活，在大家的共同努力下，示范田首年便达到大于2 000公斤的产量。

王晓奕的点滴工作被村民看在眼里，大家最终都认可了这个最初连麦苗和韭菜都分不清的小姑娘："城里小姑娘还真是干家!"

风雨的历练

农村环境对于温室中长大的孩子还是会有很多挑战，夏天的蚊虫叮咬、酷暑难耐，冬天的刺骨寒风、手脚冰凉，风风雨雨中皮肤已不如曾经白皙。但王晓奕说，在这短短的1年里，她做了很多20多年来第一次做的事情，不仅收获了亲手种出的果实，还收获了更加成熟而坚强的心智。

她不仅在生活中挑战了自己，小院工作也做得十分出色：引进新技术，示范田采用了水肥一体化、园艺地布覆盖及套袋3项技术；阅读文献、咨询老师及经验农户，一边学习一边实践，探索最佳田间管理模式，一个生长季下来，节水41.4%，氮肥利用率提高51.3%。已发表2篇文章，2018年荣获"国家奖学金"；举办绿色田间学校，开办培训活动11场，累积培训农户484人；共接待市、县、村及校团参观共38场，推进了前衙村

的产业兴旺及绿色发展的步伐；举办支教班儿童教育活动 35 场，其中带领儿童参加外宾英语交流活动及手语舞蹈的舞台表演，获得一致好评；参与举办各项村级、县级及县校联合和科技小院汇报演出共 7 次，共参与舞蹈演出 6 次，舞蹈编排 7 次，为村中文化建设做出了突出贡献。

从最初的质疑到最后的认可，前衙村民已经把王晓奕当作是邻家的小姑娘，而她也成了支教班孩子们心中的偶像！

绿色发展，砺在前行

科学与实践的"最后一公里"还是很坎坷。"现在的农民遇到很多困难，依旧单凭经验来一点点摸索，"她说，"而我们要做的，就是将理论与实际结合在一起，真正把箭放在弓上。每当为农户解决一个问题，看到农户脸上的笑容，就觉得自己经历的辛苦都是值得的。"农事工作的不易让她对"三农"有了更深刻的认识，也对这片土地有了更加深厚的感情。

科技小院的育人模式可以从内心强化学生对农业的感知，在导师的辛勤指导下，她的农业科研能力也在不断提高。"我期望可以继续研读博士学位，为农业绿色发展尽一份微薄之力，在保证产量、品质的同时能够与环境友好相处，让村民们都过上比城里人还要好的生活。"这是王晓奕对未来的打算。

"宝剑锋从磨砺出，梅花香自苦寒来。"温室里的新苗依旧可以不畏风雨的阻挠，开出美丽的花朵。

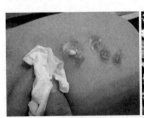

蚊虫侵扰　　　　　　　接待参观　　　　　　　田间指导

在黄土高原上书写青春

——夏少杰

人物简介：夏少杰，男，1992年10月生，河南项城人，中国农业大学植物营养学专业硕士研究生。在2017年3月份未入学就开始奔赴黄土高原洛川科技小院，前往农业生产一线，对洛川全县苹果生产情况进行调研。他是2017级科技小院学生里第一个入住小院的，驻扎时间最长。2年的时间里，完成20多场果树培训，针对洛川当地贫困户开展科技扶贫观摩会6次，完成2篇学术文章的撰写，挂职洛川当地县级、乡级农业技术指导员，独立组织洛川科技小院各项活动，不但帮助洛川当地果农降低了化肥农药投入的成本，还令果实的品质和产量有了很大的提高。在此过程中自己也得到很多的锻炼和成长，并荣获2018年"国家奖学金"。

生在农村长在农村的夏少杰，更加懂得农村条件的艰苦，农民生活的不易。从小就立志让农村的父母、村民过上好日子，尽他自己的最大努力改变农村贫穷落后的面貌。高中考大学时就选择农业类院校，并在考研的时候选择报考中国农业大学资环学院科技小院的研究生，目的就是为了深入生产一线，了解农村的问题，帮助他们解决问题，将自己多年来学的知识运用到农村理论实践中去。在选择科技小院的时候，他选择了条件比较艰苦的黄土高原地区的洛川科技小院，一心想为洛川的苹果生产贡献力量。在了解洛川当地贫困户因为缺乏果树管理技术而贫困的时候，他开始制定相应的扶贫方案，随即开展一系列的科技扶贫工作。

洛川，第二家乡

作为一个以苹果产业为主导的农业大县，洛川县全县苹果种植面积60万亩，人均3.1亩。在夏少杰对全县苹果产业进行调研的时候发现，全县苹果种植技术差异很大，导致他们贫富差距还是很大的，许多农户由于不会管理果树，导致每年在果园管理上投入很大，但效益甚微，使得家庭贫困，却又一筹莫展，果园是自家的也不能不管。夏少杰得知这些情况时，决心入住洛川最为典型的贫困村——谷咀村，开展科技扶贫。带着中国农业大学"解民生之多艰"的使命，开始建立洛川第4个科技小院，他们新小院的各项工作就是围绕着科技扶贫开展的。

在刚开始入住贫困村的时候，许多果农都不知道他是来干嘛的，他能干嘛，县里乡里扶贫扶了那么多年贫困户依然贫困，来一个大学生就能改变点啥？背地里他也不止一次地听到过这样的质疑。但这些质疑并没有动摇他通过科技小院进行科技扶贫的决心，接下来一段时间他的举动让许多村民改变了对他最初的看法。他经常一个人出现在果园、贫困户家里、农资市场、村委开会的会场，见人就打招呼，向他们询问相关果园管理情况、家里的生活状况。不出一个星期，全村1 000多人都知道了他，村里的每家贫困户的果园他都熟知。1个月过后村里的果农经常来小院和他聊天，向他咨询相关知识，小院成了大家交流苹果管理知识的场所。他和村民的关系也越来越近了，村里无论大小事很多人都会想到村里有个小夏，果园这段时间要打什么药，买什么肥料，手机坏了，打印个文件，家里孩子辅导个功课等，小夏成了村里的多面手，很多村民也把他当自己的孩子看待，邻居经常会把自己种的蔬菜送过去，还常常邀请他到自家吃饭。

科技扶贫，首当其冲

随着科技扶贫工作的开展，夏少杰针对当地苹果产业发展开始制定一系列的扶贫方案。他在科技小院培训室定期为果农指导，传播科学的管理方式，同时晚上也集中组织果农科技培训，分享交流果园管理经验，让他们当地果园管理好的果农把自己多年积累的经验通过科技小院这个平台分享出去，同时也锻炼了他们的语言表达能力。针对贫困户基础比较差的情况，采取从基础培训开始、多方面培养的方式，全面提高了果农们特别是贫困户的科学果园管理水平，补齐了技术"短板"。在小院独立组织果农学习参观的同时，也积极和企业政府对接开展相应的扶贫工作，并取得了很大成果。如科技小院联合当地合作社组织贫困户培育新型无毒苗圃，预计总收入 120 万元；科技小院组织贫困户利用村里现有资源，发展有机肥堆治工程，预计全村每年肥料资金投入减少 50 万元；科技小院联合谷咀村村委，组织贫困户修建新型矮化密植果园，争取政府项目资金 100 余万元。洛川科技小院的夏少杰心里常放着一句话："帮一个人，积一个德；农民富，农村美，农业强！"

黄土高原孕育着美味的洛川苹果，也见证了夏少杰一步一步地成长，带领贫困户一天一天过上好日子。他也会跟随着科技小院的步伐继续坚定地走下去。

组织观摩　　　　拉枝修剪　　　　窑洞授课

科技小院：在这里实现人生价值

——冯国忠

　　人物简介：冯国忠，男，1983年6月生，山西大同人，吉林农业大学植物营养学专业博士研究生。2009—2016年驻扎在吉林省梨树县三棵树科技小院，主要从事春玉米氮素优化管理技术研究，连续7年扎根农业生产一线，全程参与梨树县玉米高产高效农户竞赛活动、梨树县农业生产"三个方式"转变及适度规模化经营活动。丰富的科研学习及农业生产技术推广的经历，培养了他良好的个人沟通、语言表达、组织协调能力及团队协作精神，他已经具备一名科研人员的基本素质和能力。毕业季面临诸多选择，最终将工作地点选在吉林农业大学，继续实现农大人的人生价值。

玉米双高竞赛，调动农户种田

为了调动农户科学种田、应用先进科学技术的积极性，冯国忠在入驻梨树县后就立刻在全县范围内组织农民开展"玉米高产高效竞赛"活动。

主要活动就包括：每年春季隆重举办竞赛活动启动仪式。鼓舞农民的种田热情，让农民开始热身，同时也可以把当年的重点新技术及相关资料展示给农民，让他们学习、提高。此外，科技小院的同学开始建立农户档案。记录每位参赛农户所属的村社、GPS 定位、土壤质地特点、种植历史、投入及产出情况、通常采用的栽培技术等。冯国忠和其他同学还会不定期发放技术资料。小院师生与当地农技推广部门共同参与制定《梨树县玉米高产高效创建规程》，并发放给农户参考。另外，冯国忠还组织举办了多场田间现场会。现场会是普及高产高效技术的最重要途径，每年《高产高效竞赛活动》都要在不同的乡镇举办现场会，内容主要包括春播、保护性耕作、抗旱节水、测土配方施肥、机械化追肥等。除了现场会，他们还会举办形式多样的科技培训。为了推广测土配方施肥技术，每年科技小院师生和推广站技术人员要利用春播前的一个月时间，冒着严寒深入农村，在农户炕头上培训农民，并在玉米生长关键生育期，走访参赛农户，在田间地头现场示范指导。除上述培训会，科技小院的同学也会进行重点示范户培养。培养科技示范户，通过他们辐射高产高效技术，带动更多的农民提高种田水平，最终实现大面积高产高效。每年要举行 3～4 次的重点示范户种田经验交流会，在一年的年初，重点介绍本年度的高产高效方案；玉米生长期间，主要交流新出现的问题与对策；而到了玉米收获后，则主要交流一年来的经验教训。在这一系列活动举办完成之后，他们会举行隆重的颁奖大会。玉米收获后，在每年的 11—12 月，举办隆重的农户玉米高产高效竞赛颁奖大会，表彰获得高产的农户，激发高产农户的种田自豪感，彰显高产高效创建活动的效果。每年都会有 1 000 余名玉米种植户冒着严寒参加玉米高产高效竞赛表彰大会。每次颁奖大会都会引起社会媒

体的广泛关注，中央电视台、吉林电视台、《吉林日报》《农民日报》《光明日报》、新华网等都给予了充分的报道。

组织农民种植业合作社，促进土地适度规模化经营

冯国忠主办的高产高效竞赛培养了一大批掌握玉米高产高效栽培技术的优秀科技农民。如何发挥他们的能力，在更大面积上实现增产增收？2011 年，以各村的优秀科技示范户为依托，科技小院师生和农业技术推广总站合作，技术支持科技示范户将分散的土地联合，建立 10 公顷玉米高产高效展示田，推广《玉米高产高效技术规程》，向土地适度规模化经营方向迈出了坚实的一步。2012 年，梨树县开始大量涌现农民种植业合作社，实现"四统一分"规模化经营模式，即"统一种子，统一化肥，统一种植方式，统一管理，分散收获"。2013 年，梨树县农民种植专业合作社获得全面发展，规模化经营的土地面积达到 12 000 公顷。此时，科技小院师生需要面向合作社主要成员定期开展科普活动，促进《玉米高产高效技术规程》大规模统一实施，进一步提高该项技术的田间到位率。据统计，2013 年，合作社的玉米产量比普遍农户增加 12%～26%，真正实现大面积增产增收。

在之前的活动取得成功之后，冯国忠在 2013 年底，与中国农业大学博士研究生伍大利一起，组织联合 10 个当地发展较好的农民合作社成立了博力丰农民专业合作社联合社，搭建了一个合作社之间相互交流与合作的平台，为快速提高梨树县玉米高产高效技术到位率、逐步缩小农户田块间的技术水平和玉米产量差异具有重要意义。

在梨树科技小院的 7 年里，冯国忠走遍了梨树县的 17 个乡镇，认识了数以百计的农户。科技小院 7 年的历练，让他走进了农村，贴近了农民，更加认识到科技对于推动农业发展、改善农民生活的重要性；也因为这 7 年的经历，他最终选择继续在吉林农业大学工作，继续实现一个农大人的价值。

入住小院　　　　　　农户调研　　　　　　田间培训

扶贫路上的学生兵

——刘烁然

人物简介：刘烁然，男，1991年2月生，内蒙古通辽人，吉林农业大学植物营养学专业博士研究生，师从高强教授。自2015年硕士入学开始，他跟随导师前往吉林省通榆县，参与通榆"扶贫科技小院"的筹建，成为通榆县"扶贫科技小院"第一位长期驻扎在一线的学生。3年来，他同科技小院一同成长，见证了科技小院的发展历程，并在通榆协助导师开展相应的科学研究、农技推广和科技扶贫等工作，成果丰硕，获得了当地专家和农民的一致好评。

初入小院，备受质疑

提起刘烁然，通榆人民并不陌生，因为他在通榆的每一天都在和农民朋友打交道。他是第一批跟随导师到通榆开展科学研究和扶贫工作的小院学生；他带领小院学生指导和见证了通榆地区第一个高产田的诞生；他更是通榆人民的好朋友和贴心人，是农民口中的"小刘"。

科技小院筹建之初并不顺利。对于从北京和省里来的那些农业专家和教授，农民朋友们是非常欢迎的，但面对这些看起来略显稚嫩的大学生们，他们却产生了很多质疑："这白白嫩嫩的大学生能来农村种地？他们能帮我们脱贫？"

然而，就是在一片质疑声中，刘烁然等最早一批来到小院的学生，每天奔走于农民的田地内，运用测土配方施肥和高产优质种植技术，创造出一个个高产田。一块块产量翻番的示范田在他们的指导和管理下呈现在农民面前，他们的种植技术既节省了肥料投入，又增加了作物产量，同时还提高了作物品质。

点滴工作，感动百姓

农忙时，他穿梭在农民的田块内指导农民如何进行田间管理；农闲时他准备好丰富的科学种田知识为农民朋友义务讲座。每逢刘烁然到各个村屯举办讲座时，讲课现场都会被围得水泄不通，屋里没有了座位，大家就站着听，有时连门外都站满了人。一堂课下来要好几个小时，他也是从头站到尾，甚至连水都不喝一口，但是他乐此不疲。他说，只要农民朋友愿意听，他就会一直义务讲下去。

在试验田搞研究，刘烁然是一把好手，总能发现一些别人不太注意的问题。做社会服务同样不差，在村里时，他就和农民同吃同住同劳动，大家都亲切地称他为"小刘"。尽管他在村里花费了大量的时间，但丝毫没有影响到他的科学研究和课程学习；相反，他在入学仅 7 个月的时候，就与导师合作在《农业环境科学学报》发表学术论文 1 篇，并连续 2 年以专业第一的成绩获得学业一等奖学金。当然，他的成绩离不开导师的精心指

导、各级领导的关怀与鼓励以及广大农民朋友的支持。

刘烁然就是这样利用自己的真才实学和真心实意打动了通榆县的百姓，也打破了以往农民的高投入低产出的窘境，提高了农民的科技意识，增加了农民收入。从此打消了农民们"纸上谈兵""毛头小子""吃不了苦"和"不会种地"等质疑，逐步受到农民朋友的欢迎，也获得了政府的认可，他的事迹被吉林卫视《新闻联播》栏目及多家媒体广泛报道。他扎扎实实的成绩也得到了导师和学校的认可，在 2016 年 10 月，获得了吉林农业大学的硕博连读资格。如今他正在攻读博士学位，继续将自己对于科学的热情与对"三农"的奉献挥洒在这片热土之上。

继续前行，奉献"三农"

科研的道路还很漫长，科技小院的工作也日渐增多，今后他将继续在通榆从事科研和农技扶贫工作。刘烁然说："我对通榆人民的感情很深，这里的人们朴实善良，相信科学，热爱学习，有干劲，有奔头。我愿意一直为农民朋友义务服务，在努力搞好科学研究的同时服务社会，为通榆人民早日实现小康目标贡献自己的一份力量！"现在，在导师的指导下，他正协同农资企业、合作社和家庭农场等开展科技小院升级版本——"科技小院＋"模式，让科技小院把科技扶贫和农产品加工结合起来，利用区域优势打造品牌，实现农民增产增收。科技的光芒已照遍通榆大地，他正大踏步地带领通榆农民奔向美好明天。

在田间指导

接受媒体采访

下篇

十周年农民代表

创"三八"科技小院，建妇女"坚强阵地"

——王九菊

人物简介：王九菊，女，1970年生，居住于邯郸市曲周县白寨乡范李庄村，中国农业大学曲周"三八"科技小院创始人之一、担任范李庄村妇代会主任、"三八"科技小院田间学校校长。在2012年，中央电视台农业频道《粮安天下》晚会播出了"三八"科技小院工作情况；《中国妇女报》头版头条对"三八"科技小院进行了采访报道等。同时，"三八"科技小院共接待了70多批的国内外参观友人。曾获得邯郸市最美女性、曲周县"三八"红旗手等荣誉称号。

　　王九菊自 2009 年开始担任农村妇女代表会（简称"妇代会"）主任以来，积极开展妇女群众工作。2011 年，在上级妇联的关心和支持下，她和中国农业大学的女研究生们在家里成立了"三八"科技小院。通过"三八"科技小院，王九菊一直组织范李庄村的妇女学文化、学科技、学舞蹈、学唱歌，组织鼓励妇女就业创业等。此外，她还带领村里的妇女走出去，与其他村庄的妇女交流，并在县政府和中国农大研究生的支持和帮助下，组织村民建立了 50 余亩示范田，推广实施"高产高效"技术，使当地粮食产量显著提高的同时，减少了化肥农药的投入。王九菊所做的这一切不仅丰富了妇女的文化生活，改善了农村妇女的精神面貌，提高了妇女的幸福指数，还积极为妇女们探索如何保证持续稳定的经济收入。"三八"科技示范田也被评为邯郸市现代农业示范园区。

　　在 2009 年，中国农大在白寨乡建立了科技小院，在农大老师和学生的指导下，小院的科技示范田不仅提高了产量，还省了不少肥料和种子。随后，看到别的村相继成立了科技小院，热火朝天地干了起来，王九菊就主动提出在范李庄村也组织建立科技小院。就这样，在王九菊的热情邀请下，中国农大的李晓林老师决定在王九菊家的院子里建科技小院，也是在李晓林教授的建议下，给小院起了个名，就叫"三八"科技小院。"三八"有两层意思，一层是参加科技小院的都是妇女，另一层是参加小院建设的 3 个女研究生都是"八〇后"。从此，范李庄村的妇女有了自己的活动阵地，有了自己温暖的家。学生都亲切地称王九菊为"王姐"。

抓农技知识传播，让妇女群众普受惠

　　"三八"科技小院成立后，王九菊想让更多的农户增产增收，但是地多、农户多，农大的老师和学生忙不过来，就商量办一个农民田间学校。考虑到范李庄村种地的很多都是妇女，于是王姐就在自家小院开办了"三八"农民田间学校，她担任校长，农大的研究生做老师。田间学校成立后，没有专门上课的地方，晚上吃完饭大家就来王姐家屋子里上课，有时

王姐还组织大家到地里现场上课。虽然条件艰苦，但是听课的妇女们却很高兴，学习劲头十足。

7年来，"三八"田间学校总共开展室内农业技术培训50余场，组织田间上课12次，组织大型田间观摩15次。通过学习培训，大多数学员不仅自己掌握了高产高效技术，还能给其他农户进行指导。王九菊说，就算有一天农大的专家走了，但是技术也可以留下来。2013年王姐带领"三八"田间学校学员种植的800多亩示范田取得了大丰收，小麦亩产600公斤，玉米亩产750公斤，比其他农户高100公斤左右。"三八"科技示范田也被评为邯郸市现代农业示范园区。

丰富群众文化生活，提高妇女幸福指数

农村妇女不仅要种地，还要干家务、照顾孩子和老人，生活压力很大，文化生活少，王九菊觉得只教种地还不够，要是能够让她们多参与一些文化娱乐活动就更好了。于是，她又在家里开办识字班、普法班，带领妇女们学识字、学发手机短信、学网上购物，学习依法保护自己的合法权益。在王姐与小院同学的组织下，2015年成立了秧歌队和舞蹈队，大家聚到"三八"科技小院，听歌跳舞，每个人都很快乐，还带动了邻村的妇女加入，队伍目前达到了50多人。2013年起，"三八"科技小院发展了手工织布产业，之后又发展了箱包产业、藤艺品学习制作等，让妇女们利用农闲时间通过织布走上致富的新道路。

自成立以来，由于工作突出，"三八"科技小院吸引了20余批来自25个国家的300余位外国友人。王九菊积极参与每次接待工作，甚至能用简单英语与外国友人交流，并积极参与"第三世界国家国际培训班"的组织创建，与新疆妇女同志们交流并介绍经验。

王九菊在促进农村妇女发展及美丽乡村建设中表现突出，工作努力，获得了群众的一致好评。

为农民讲课

他和科技小院的故事

——卢伟

　　人物简介：卢伟，男，吉林省四平市梨树县梨树镇八里庙村人，创立卢伟农机农民专业合作社并任理事长。卢伟农机合作社示范基地先后被评为"全国农机合作社示范社""东北四省区十佳黑土地保护试验示范基地"。2018年，卢伟获评"全国农业劳动模范"荣誉称号。合作社种植模式多次被吉林电视台、中央电视台、《人民日报》等媒体报道。

卢伟，在科技小院师生到来之前，他还是梨树县八里庙村的一位普通村民。2011年，卢伟同村里几个好友筹资120万元成立了卢伟农机农民专业合作社。合作社开始运营的第一年，卢伟几乎每天都要去玉米地里转一圈，看看玉米苗出的怎么样，地里的草多不多，要不要打杀虫剂等。"头一年就自己在那瞎琢磨，头一回经管这么多土地，就怕老百姓们把地种坏了。"这是卢伟刚起步时想得最多的问题。

艰难站立

进入2000年后，村里一些年轻人开始外出打工，逢年过节，他们回家说得最多的就是"打工来钱比种地快多了""别在家种地了，没出息""跟我打工去，一年就成万元户"。就这样，没过几年，村里的年轻人越来越少，田地里的身影自然也变成了老人和孩子。这在卢伟看来是很不正常的，每家都有几公顷的土地丢给了老人和孩子，如此大的劳动强度让他们根本吃不消，由于管理不佳，村里玉米产量一直上不去。2010年，地里的玉米收获完成后，卢伟决定来年大干一场，组织建设村里第一个农业种植合作社。其实这个念头在卢伟心里已经酝酿已久了，村里大量土地闲置，没有真正发挥出应有的作用，如果将这些土地都统一起来，实行机械化集中管理，一定可以增产增收，同时也能解决村里劳动力不足的问题。

说干就干，卢伟农机农民专业合作社成立后，购置大型机械（旋耕机）3台、免耕机1台，配套小四轮4台、高架作业车2台、小型收割机2台。让卢伟意外的是，合作社成立第一年入社成员就有260户，拥有土地182公顷。为了能增加农户对合作社的信心和积极性，保证农户的根本利益，卢伟喊出"自主经营，民主管理，利益共享，风险共担"的口号，虽然喊着"风险共担"，但其实他心里还是想着"风险自担"的。合作社刚开始运营的第一年，卢伟几乎每天都要去玉米地里转一圈。"如何将合作社引入快速发展的道路，为社员多谋福利？"这是他在田间地头想得最多的问题。凭着自己多年的种植经验，第一年总算有所收获，村里的平均产量比前几年提高了很多。年底玉米出售后，合作社社员都拿到了比当初约定要多的钱，而卢伟只在盈利中留下了合作社的成本，剩下多余的都以分红的形式分给了社员。如今回想起这段经历，卢伟只说了八个字"不忘初心，利益共享"。

果断转型

由于第一年合作社的诚信，2012年更多的农户也加入进来了。同年，一个重要的转折到来：中国农业大学梨树科技小院来到了卢伟农机合作社，开始与卢伟开展长期合作。科技小院学生给卢伟讲解了很多玉米种植知识：测土配方施肥、滴灌水肥一体化、氮肥精准管理等；卢伟则陪着他们在玉米地里打土钻，采样，测产。"农大这些学生确实能吃苦，不光是男同学啊，那些小女孩说下地就下地了，下雨了还往地里跑，一点都不娇气。"

为了更好地学习玉米田间管理知识，卢伟买了一台电脑，通过网络开始与外界接触，从而认识了很多新朋友，进一步扩大了合作社规模。

卢伟陪着小院同学在玉米地里打土钻，采样，测产，但这一切还没有让卢伟立刻见到真真切切的收益，卢伟还是按照自己的方式种玉米。而让他最头疼的就是玉米秸秆的问题，当地老百姓在秋收之后或者在春季播种之前，都会对地里的秸秆进行焚烧处理，这样十分影响环境。"不烧？不烧我明年怎么种地，苗子出不来啊？"卢伟说。回到小院后，伍大利跟小院同学商量，决定找出一种合适的秸秆还田方式。经过小院学生与卢伟合作社的深入交流，决定建议他使用新的秸秆覆盖还田的技术方式——"二比空"秸秆覆盖还田。卢伟是个敢闯敢干又能接受新鲜事物的人，听后很乐意尝试。与此同时，土壤测试结果也出来了，小院学生根据土壤养分含量状况给卢伟推荐了施肥量。于是，从2013年起，卢伟在科技小院学生的帮助下，开始尝试使用玉米秸秆全覆盖免耕栽培技术，合作社设立了高产攻关田10公顷、高光效示范田3公顷、玉米大垄双行182公顷。收割机在

收获玉米的同时，把秸秆进行半粉碎并留在原地，给黑土地盖上一层金黄色的"棉被"。来年春天，再由秸秆集行机清理出第2年播种的苗带，这样既解决了秸秆影响出苗的问题，又能减少土壤水分蒸发，提高土壤墒情，对玉米苗期春旱有很好的效果。夏天，随着气温升高，玉米行间湿润的环境让微生物快速生长，秸秆逐渐腐烂变成了有机质，融入土地。

而这一年，卢伟合作社的玉米增产效果并不明显，一些闲话就出来了，"村里60岁以上的都不接受，外村还有人说卢伟不是正经种地人，瞧那地里'埋汰'的。"卢伟也略显无奈，祖祖辈辈的观念就是经常"收拾"地才能多打粮。但村民所质疑的情况在秸秆还田模式下是正常现象，卢伟也坚持自己的科学种地的观念，丝毫未受这些闲言碎语的影响。2014年，科技小院博士生伍大利组织成立了"博力丰"联合社，卢伟农机合作社是联合社的重要骨干之一。卢伟是一个爱干事的人，很喜欢和科技小院的学生交流，而且他很希望从小院学生那里得到先进的种植技术。这一年科技小院师生帮助卢伟的合作社引入了免耕播种技术，他试种了10公顷。新技术的集成与应用使得粮食产量有了显著的提高，特别是在2014年，平均每公顷粮食增产2 500公斤，比2013年增加收入4 500元，全社308公顷土地共计增收138万元，增产增收效果显著。单是免耕耕作就让每亩土地增产100公斤，而成本节约了100元。尝到甜头后，他一下子购进了6台免耕播种机。2014年，中国农业大学的米国华教授还把从美国引进的条耕机组件给卢伟使用。卢伟从没见过这种机械，当时就十分感兴趣，可以说是爱不释手，而且这几年，他一直在进行改进、升级。"米老师他们帮我引入了这些先进机械，让我免费进行田间作业，确实比之前更省时省力了。"

这一年，卢伟依然把盈利的大部分都分红给了社员，还免收了村里贫困户的机械费。之前说闲话的人也都加入了合作社。冬闲时，他还会在合作社组织农业种植培训，利用这个机会给村民传授现代绿色农业的发展前景，在外打工的年轻人回家过年时，只要有时间就来合作社听课学习。他也想借这个机会吸引年轻人回乡发展，振兴乡村。

走向繁荣

2015 年至今，梨树县卢伟农机农民专业合作社按照"三个方式转变"的新发展要求，着眼于打破一家一户分散生产经营模式，以"民办、民管、民受益"为原则，在梨树县政府、农业部门专家和技术员的指导和帮助下，合作社承担大小田间试验和田间示范共 8 项，其中包括中国农业大学资环学院和吉林农业大学资环学院合作的玉米全程机械化项目、吉林省农业科学院的玉米高产（超高产）系列玉米新品种及配套技术集成与示范项目等，使合作社的核心技术集成和应用能力快速提升。合作社通过带地入社、土地托管和土地租赁等多种规模化方式并存的经营方式来探索规模化发展方向，在推动土地规模经营的同时，为解放的劳动力积极提供就业信息、开辟就业渠道、寻找就业岗位，从而推动了农户分工分业，劳动力实现了内转外输。更让他高兴的是，采用秸秆还田技术后，水土条件持续改善，化肥用量不断减少，曾经难得一见的蚯蚓也回来了。据卢伟初步测算，现在每平方米土地里的蚯蚓数量达到 120 条左右。有了蚯蚓帮忙，土壤的质量有了明显改观。

之后，卢伟又自愿加入梨树科技小院联盟，成为联盟骨干，积极配合小院学生组织农民培训，宣传玉米种植先进技术。在一次农民培训上，卢伟说："大家都听好了啊，这些都是从北京过来的大学生，我们合作社为啥年年产量都稳定在 12 500 公斤，多亏这些科技小院的学生给我出的主意，我库里放的那几台机器，都是外国人造的，都是农大老师免费让我使的。而且种地成本比咱之前的方法省了将近一半的钱。"

卢伟合作社得到了越来越多的关注，来他的合作社参观学习的人全年不断，中央电视台、《人民日报》、吉林省电视台等媒体都把卢伟的合作社作为模范示范点来对各种玉米耕作技术进行介绍推广。卢伟对媒体说得最多的就是"一路走来，合作社从来都没有离开过科技小院的学生的指导，好几个学生是在我的地里毕业的，石东峰还长期驻扎在我这，给我解决了

很多问题""免耕生产只有播种、喷药、收获 3 次作业，减少了翻地等多次进入田地压实、破坏土壤的作业。""秸秆像棉被子一样盖在土地上，植株烂在地里当肥料，秸秆还田增加了土壤的有机质""以前肥沃的黑土地是东北人的骄傲，插根筷子都能发芽！但长期耕种黑土变成了'破皮黄'，采用免耕耕作 3 年，黑土地又'油亮'有劲了。合作社的土地全部采用秸秆全覆盖的种植模式，既提高了土壤肥力，保护了环境，又实现了抗旱保苗、节本增效的目标，这都得益于中国农业大学吉林梨树实验站所总结出的保护黑土地持续发展的技术模式——梨树模式"。

2018 年吉林省梨树县遭遇 50 年一遇的春季大旱。而卢伟的玉米却长势旺盛，"多亏了科技小院同学提出的宽窄行种植模式，我的 220 公顷玉米才没受干旱影响。"他正是梨树科技小院的受益者之一。

如今的卢伟合作社发展成了拥有 54 台大型农机具，规模经营土地 670多公顷，吸纳股金 450 万元，260 余户农户参与的集约化、规模化生产经营模式的合作社。由于采用玉米秸秆覆盖还田免耕栽培技术模式，土地的产量高，效益好，每公顷耕地比当地其他合作社多了 3 000 元的流转费或者分红。

2018 年，卢伟荣获"全国劳动模范"，整个人从里到外也有了变化，但唯一不变的就是那颗踏实肯干的心。"只要那些学生来，我都欢迎，我还想进步！"

院社"珠联璧合"　　　　秸秆还田现场会　　　　"梨树模式"示范田

从果农到老师

——李清泉

人物简介：李清泉，男，1972 年生，洛川县交口镇东坡村人。任农民技术员、中级农技师、洛川县农艺师、延安市务果能手、洛川县果树局特聘技术指导员、中国农业大学洛川科技小院优秀科技农民，多次被中央媒体进行专题报道。

作为洛川科技小院的邻居，李清泉熟悉小院的一草一木、一房一人。李清泉能够像自家人一样向大家展示这里每个的细节。像往常一样，李清泉拿着一瓶治疗果树腐烂病的药来到小院，打算问问这个药的效果。推开门，意料之中，小院的房间一如既往的杂乱：干湿的塑料袋装着土块，编织袋装着树叶、枝条、根系以及取土磨土的工具，桌上放着未合的书籍和未来得及关闭的电脑，餐桌放着未来得及洗的碗筷和半块馒头，衣架上挂着几件沾满泥土的衣服……李清泉无奈地叹了一口气，喊道："别忙了小夏，快来给我看看这个药。"

洛川科技小院位于陕西省洛川县谷咀村，是科技小院中的"苹果小院"。洛川县作为我国的苹果主产区，因其产业链较为完善而备受瞩目。科技小院建立以后也一直为当地精准扶贫、提升苹果品质而不断努力。李清泉自己也没有想到，就这么一个小院，给自己留下了不一样的人生经历。

刮目相看的小老师们

2016 年初，李清泉在农资城化肥经销商采购时，偶然认识了来自中国农业大学的 2 个研究生。因为大家都对同一种肥料疑惑，他们自然而然地交流了起来。随着交流的深入，李清泉开始觉得他俩不简单，这两位同学谈吐中都透露着书卷气，却又与苹果有着息息相关的关联。本以为只是一面之缘，却没想到，这俩学生第 2 天到村里住了下来。开始看到他们时，李清泉很惊讶地打了招呼。这 2 个学生一个叫杨秀山，一个叫赵鲁邦，一阵嘘寒问暖以后，大家又开始聊起了苹果。和他们谈话后，李清泉感受到了不一样。平时他学的主要是果树园艺上的生产管理经验，就是一些很表面的东西，但学生们说的都是一些专业性比较强的东西，所以和他们交流之后，李清泉就感觉这俩大学生有点不接地气，不太看好他们。接下来的几天，李清泉看着他们折腾了起来：对果园生产、用药施肥、生产管理全过程都进行了调研。作为种植户之一，自然少不了他家的果园。到了果园以后，李清泉就随意地回答了一些问题，一心想着也没啥用。当学生们走进果园，一圈观察以后，便指着果树告诉李清泉："叔，咱们家树叶有褐斑病，主干有轮纹病还有金纹细蛾。"李清泉的第一感觉：瞎说。靠自己的经验这个情况根本不可能，于是就打发他们走了。但是吃晚饭的时候，这些孩子又找到家里，拿出治疗方案。李清泉很不耐烦，"或许你们搞错了吧，认准没有啊？"没想到这些学生们却又拿起病害的图谱，让李清泉自己认一下。这一看，他有了一些动摇，于是自己也打开手机查了一下，才惊讶地发现，这些问题是一模一样的。可是李清泉也没有完全相信他们，问了很多问题想难倒他们，可是一个也没有成功，他们反而越说越带劲。学生们说这次肯定是褐斑病要暴发了，并让李清泉现在就打药。虽然一定程度上是相信了，但是李清泉还不是很乐意用他们的方法尝试，可碍于面子，最后还是按照他们的方案对其中的一片果园进行了喷药防治。在随后几天也没啥反应，李清泉觉得果然信不得，于是对他们爱答不理，避而不见。本以为没有结果的事情，却远远超出了想象：过了 5 天以后，褐斑病突然暴发，因为打药及时，这一片果园子落叶很少，但是邻居家叶子却落得非常严重。人们纷纷来询问李清泉是怎么防治的："你的叶子为啥不落？"李清泉当时也很震惊，心里充满了愧疚与敬佩之情。

因为有了这次的经历，让李清泉渐渐地相信了这些科技小院的小老师们，根据他们的意见施肥管理。等 10 月份卸果的时候，果园因为叶子没落，苹果个大，色泽也好，光 50 多棵嘎啦苹果树就净收入 5 万元，2 亩富士苹果地收入高达 8 万元，这让李清泉一时也成了当地的名人、技术能手、专家。其他人的苹果个小，很难出手，1 公斤还卖不到 10 块钱，但李清泉的苹果却 1 公斤能卖到 10.4 元。这件事激发了李清泉的上进心："在这些小老师的帮助下，我一定能做得更好！"所以，接下来他经常接触这些老师们，与他们一同交流、相处，聊果树、聊生活、聊理想。到最后他们无话不聊，关系从开始的良师益友变成了亲如父子，或许这是最好的忘年交了，从朋友到家人，让人温暖。次年，李清泉又通过杨秀山和赵鲁邦的介绍，把果园变成了山东农业大学姜远茂教授的示范园。通过科技小院的这些小老师们，让专家大腕儿来果园直接指导工作，李清泉的生活也因此变

得更加充实了，自己的知识层面也进一步提高。正因为果园在小院的指导下，效益越来越好，当年 CCTV-7《科技苑》栏目组就到了他的果园录制节目，这让李清泉的名气更大了。多亏了这些小老师们，李清泉从心里感谢这些扎根生产一线、奉献基层的学生娃。

来了新人叫小夏

　　2017 年春天，小院又来了一位其貌不扬的年轻人，陕北人称为"后生"。他叫夏少杰，在这里都叫他小夏，夏少杰比李清泉的长子大一岁，由于孩子之间年龄相仿，这让李清泉备感亲切，觉得有点儿像自家孩子回到他的身边。小夏除了生产中能够帮助李清泉，更重要的是在生活中也帮助了他：打药的时候小夏帮忙配药；施肥的时候小夏帮忙卸肥、称肥、配肥、搞配方；果园太忙的时候，小夏还帮李清泉买菜。2018 年发生了倒春寒，李清泉家 20 多亩地才套了 1 万多袋，相比往年 20 万袋大幅减少，投资的几万块钱眼见要血本无归了。和李清泉商量以后，为了增加他的收益，小夏利用自己的特长，开起了淘宝店，在网上推销苹果。与其他农户相比，同等产量下李清泉多收入了好几千元，解决了他的燃眉之急。另外，在今年上肥的时候，也要一大笔投资，正当他发愁的时候，夏少杰联系了一家有机肥厂，这家蚯蚓粪有机肥相比市场上的有机肥，不但品质好了许多，更重要的是价格也优惠了很多，这让他长舒了一口气。偶而说句感谢的话，小夏也就淡淡一笑，说自己也是响应国家号召，进行精准扶贫，农大的校训就是"解民生之多艰"，而他们做的就是"四零"服务。李清泉也在想，自家的孩子很少像小夏这样抽出时间帮自己分忧解愁，小夏的勤学好问、吃苦耐劳的精神，让他备感钦佩。洛川的农村里，这些学生少了一份大城市高校里面搞研究的书生形象，多了一种体验"三农"、服务"三农"、为中国农业发展做贡献的精神。立志解决中国农业大问题的年轻人，李清泉深深地为他们感到骄傲。

从果农到李老师

　　本以为会在小院的帮助下管好自己的果园，靠着自己不断丰富的理论和实践经验，在洛川县备受关注后就安安稳稳地过日子了。没想到，自己竟成了遥远的河北曲周县果农眼中的李老师。

今年 5 月的时候，夏少杰和他说河北曲周还有一个苹果小院，但是由于当地的条件与管理问题，导致生产中仍然存在着一些问题，尤其是修剪上，非常需要指导。当时李清泉就拒绝了："这怎么可能，我这些知识也就在家里这边够用，去了那边能行吗？"夏少杰却说没什么问题，权当是经验交流了。但是他心里却是一直在打鼓，因为河北和洛川在种植和收获上存在时差，所以这个培训也在一直往后推，可是他心里却没有忘了这回事儿，一直在向小夏询问更多的理论知识来弥补自己的实践经验。到了 11 月，进入了果树的休眠期，李清泉也启程前往了河北曲周。

河北曲周县的相公庄作为当地有名的苹果种植村，已经有近 30 年的种植历史了。但是由于天气和土壤条件，加上作为非主产区的技术较为闭塞，导致当地的苹果种植仍然存在一定的问题，特别是一些修剪的问题，经常会有很多果农来向当地的相公庄科技小院的学生请教一些先进的种植方法。为解决当地果农们的问题，全国各地以苹果为目标作物的科技小院决定联合起来，在相公庄举办一场冬季修剪培训会，而经验丰富的李清泉自然就成了培训教师的不二人选。

当李清泉到了曲周以后，非常惊讶的是这里黏重的土壤和过量的降水也可以种出苹果，这和陕北的气候是完全不一样的。他心里有点发慌，不知道能不能讲好，便拉着科技小院的学生们提前在地里走了半天，了解当地的实际情况。在小院学生的组织下，第 2 天相公庄村委会的会议室里挤满了人，果农听说从洛川来了位老师都纷纷前来听课，这让李清泉有些激动，恨不得把自己知道的都教给他们。他不喜欢在室内讲课，于是将课堂定在了果园。在一个果园讲完内容、演示了一棵树的修剪后，果农一个挨一个地拉着李清泉去自己家里讲，看看有什么问题。就这样连着 3 天，李清泉被"拽来拽去"，就像一个老师一样被虚心求教，不知道说了多少话，喝了多少水，但是他心里却是非常地充实。仔细想来，如果没有科技小院，自己的知识也就是局限于表面，没有理论支撑，怎么能成为大家口中

的老师呢？当地的果农在李清泉临走的时候说："李老师你明年还能来不？""明年我也要去洛川看看是啥样！"这让他心里非常感动，正是有了科技小院的帮助，让自己的人生轨迹从一个本分的农民变成了服务于几千里以外村庄村民的李老师。

和科技小院的故事还在延续

李清泉和小院之间的故事太多，而且还在发生。例如，举行疏花疏果大赛、外出参观学习观摩等，故事太多了，多到让他自己都数不清。科技小院落户农村，李清泉从最初对苹果养分科学知识一知半解，到现在能够融会贯通，都多亏了这些学生娃。正是因为他们，他的知识面不断扩大，还被当地苹果管理局聘请为农业技术指导员，并奔赴山西、河北曲周培训果树管理。在农大的小老师们的帮助下，他感慨道："我今天有这么大的成果、成就，变成了村里的能人、有钱人。我作为一个农民来说，俩孩子从小学到初中再到大学，所有的生活开销，都离不开一个苹果产业，这最重要的就是科学技术。所以在此，我想向传授我技术的农大的学生们、朋友们说一声'谢谢'！"

李清泉是科技小院的老师、朋友。他想对辛勤耕耘在生产一线的同学们、技术员们表达自己的心愿："让我们在接下来的日子里携手共进，撸起袖子加油干，为伟大的中国梦而努力奋斗吧！"

在家管果园

外出讲经验

绿色发展排头兵
——龙书云

人物简介：龙书云，男，1952 年 10 月生，大专学历。1960 年 7 月至 1965 年 9 月在前衙村上小学，1965 年 9 月至 1967 年 9 月在安寨中学上初中，1984 年至今任前衙村党支部书记，1997—1999 年参加邯郸大学大专班函授学习并结业，1998 年 7 月被邯郸市委录用为国家正式干部。

　　前衙科技小院所在的前衙村位于曲周县城南 10 公里处，耕地面积 2 349 亩，其中 2 000 多亩用于葡萄种植，葡萄种植历史 30 多年，是远近闻名的葡萄规模种植专业村。该村党支部书记龙书云现年 66 岁，曾任小队长、大队会计、村委副主任，1982 年任村支书，这一干就是 36 个春秋。多年来，龙书云大力倡导务实作风，坚持实干兴村，带领全村干部群众心往一处想，劲往一处使，全村各项事业一年一个新台阶，年年都有新变化。如今，前衙村已经成为曲周县的一面旗帜，率先跨入省级美丽乡村行列，多次被评为省、市级文明村和先进单位。

　　近年来，在龙书记的带领下，通过村两委班子的大力协调和配合，村里先后建起占地 20 亩、投资 500 万元的村办幼儿园和占地 26 亩、投资 1 000 万元的标准化小学，这也是安寨镇第一个标准化小学。前衙村小学校长霍云海说："现在我们小学在校生 620 名，一半是本村的孩子。我从 2006 年任前衙村小学校长以来，工作很顺利也很顺心，最主要的原因是以龙书云为首的村干部对教育的大力支持。"村里有一条百米长的励志街，街道两旁是从前衙村走出去的研究生和博士生。村里的人也说，龙书记对到外地去上学的孩子非常地支持。

　　而自打科技小院的学生驻扎进来，龙书记更是提起了劲头，小院还未落址，龙书记就把原本属于自己的物业二楼小屋给收拾出来了，并将各种家电都置备齐全，使得前衙科技小院成了居住条件最优的科技小院。小院学生总能在大街上遇到龙书记，大家都觉得龙书记好像有使不完的劲儿。30 多年来，龙书记早已把村里的事当作自己日常生活的一部分，而小院的成立也为前衙村注入新的活力。历时 8 个月，科技小院举办的农民培训就有 8 场、田间观摩会 1 场，其中 2 场为国际交流培训，村民们不仅开了眼界，见识了农业发达国家的种植和管理模式，还更深入地了解了先进的技术，逐渐与国际接轨，提高了前衙村国际化程度；举办儿童支教班及晚会活动，将文化素质的提升根本性地转移到了村中的新生力量上来；同时举办母亲节、中秋节等活动……前衙村逐渐热闹了起来！

有事就说

龙书记总说，现在的孩子们上学都很辛苦，每天坐在那学习，一坐就是十几个小时。提起科技小院学生时，龙书记更是竖起大拇指："谁知道读个研究生还真是不容易，农业大学的研究生还真是干家，一头就扎在地里，不管天气多热，下雨还去嘞！像这样的孩子们出来都应该是领导干部！"在龙书记眼里，科技小院的学生还是孩子们，每次在村里见了，都要问问需要什么帮助，缺什么就去家里拿，有什么事就打电话。一次清晨他去小院看望学生，见种植的葡萄幼苗已经长到可以上架的程度，便马上联系人来安装了水泥石柱，并扯上了铁丝，前后不过半天的时间。

科技小院要永远设在这里

短短半年，龙书云就和科技小院的 3 名研究生成了家人，从日常的生活起居，到举办各项研究学习活动，这位村干部总是非常支持小院的工作。记得前衙科技小院第一次举办农民培训时，龙书记用大喇叭喊了 3 遍，当天晚上村委会门口的小广场就聚满了人，培训效果非常好，结束后龙书记还在现场拉了一个微信群，把大家召集进来以便讨论生产中的问题。

前衙村已经有 30 多年的葡萄生产历史了。起初也是龙书记带领领导班子去其他县城和地区考察，回来后一起试种了 15 亩，之后一点一点壮大队伍，扩大生产规模，一直发展到现在的 2 000 亩葡萄生态园。"咱老百姓真的需要科技培训，"龙书记皱着眉头说，"现在生产都是靠经验，觉得能长出来葡萄就不错了，施肥打药都是听邻居和推销商的，但凡遇上个病啥的，根本不知道为啥。"2017 年，龙书记便邀请中国农业大学曲周实验站站长江荣风来前衙村成立一个科技小院。这位对学习和创新充满热爱的老干部怀着一颗炽热的心，一心一意要把前衙村的葡萄产业做大做好。

而对于明年的工作，目光长远的龙书记有着更宏伟的打算，他要把前衙村的葡萄果园都用上水肥一体化技术，为后代节省更多的资源，并改善劳力不足的现状。龙书记知道这将是一场持久战，当科技小院提出明年扩大示范

田的面积的想法时，他便非常支持地说："干吧干吧，慢慢就起来了！"

一年来，龙书记不仅见证了研究生的成长，也见识了学生们研究实验的点点滴滴，获悉了前衙村 200 多块地的土壤养分信息和新生产技术的优势。龙书记深知，现代农业新发展的大趋势不仅要保持高产高效，还要走人与自然和谐共处的绿色发展之路，而前衙村还有很大的潜力来实现可持续发展，未来还需要做更多的努力。龙书记经常跟老师和同学们说："科技小院来了就不准走了，要永远都在这里！"

村中建设规划

雪天清扫

村干部看望小院成员

接受媒体采访

与梨树科技小院的不解之缘

——郝双

人物简介：郝双，梨树县小宽镇西河村人。

2009年，参加高产竞赛，参与梨树小院西河工作站的建设工作；

2010年，获得梨树"双高创建"贡献奖；

2011年，被评为援朝"高效农业示范园区"项目农民专家；

2012年，获得梨树县杰出创业者称号；

2013年，成立"四统一收"示范合作社；

2013年，被评为吉林省农村实用型专家；

2013年，获得全国农牧渔业丰收奖；

2013年，被评为"三农人物"候选人（CCTV-7）；

2014年，被评为吉林省劳动模范；

2015年，任职博力丰联合社常务副理事长；

2015年，成立国家级示范合作社；

2016年，被"爱民农药店"聘为"植保医生"。

郝双，吉林省四平市梨树县小宽镇西河村的一名普通村民，15岁时就被迫辍学，开始务农。从2009年开始，郝双的人生发生了变化。那一年，中国农业大学的米国华、芮玉奎老师带着芮法富、陈延玲等几位研究生来到小宽镇西河村，在郝双家建立科技小院，这让他非常激动。"他们在我们这搞高产高效试验，帮助老百姓一起提高玉米、水稻种植水平，还要探索现代化农业、规模化经营道路什么的。这正对我的心思，让我感觉找到了知音，我是打心眼里欢迎他们的到来。"

郝双曾经是西河村的村委会主任，后来在村里开了一家农资商店，并在此基础上组织了植保农机合作社。他不但有丰富的种植实践经验，而且平常喜欢读农业科普书籍，钻研农业科学知识，了解水稻生长规律、病虫害发生规律等理论知识。参加"高产高效竞赛"活动后，他在玉米栽培方面掌握了很多知识，具备农村科技带头人的良好素质。在中国农业大学及梨树农业技术推广总站的大力帮助下，梨树县第一个"农民科技专家大院"在西河村建立了，郝双任专家大院的院长。他团结西河村的冯亮、曲景发、陶树山等10余个科技示范户，共同开展"百亩示范方"创建，借此带动周边100余户"高产高效竞赛"参赛户的种田水平。通过"专家大院"的科技交流活动，2010年，平时很少种田的冯亮使得玉米高产，这极大地增强了他对种植业的信心。有了中国农大、吉林农大的科技支撑，2011年，他租了100亩水稻田，变成了种粮大户，用实际行动证明，科技示范户建设可以促进土地流转。而"专家大院"院长郝双则被吉林省政府选中，落实中国-朝鲜农业合作政府间协议，2011年到朝鲜指导玉米生产。这是被派往国外的少有的农民技术专家。这些经历，连郝双本人都没有想到过，"我热爱农业科技知识，1992年通过成人高考参加了梨树县成人高等专业学校学习，之后担任了一段时间的西河村科技村长，在村里成为一名小有名气的种田能手。儿子们都在北京工作，自己和老伴儿在家里种点儿地，还开一家小型农资店，感觉这样的日子过得很踏实。他从没想到还能做出什么大事了。"

"农大师生到我们西河村，一下子拉近了我们农民与专家的距离。"

2010 年那年春天，郝双在玉米地里发现很多玉米苗出现了虫害，但是搞不清到底是哪种虫子造成的。于是郝双就抓了一些带回家，正巧米国华老师正领着学生们在西河村进行田间调查，米老师现场鉴定为"地老虎"。由于考虑这种虫子一般都是夜间出来活动，郝双组织车辆在夜间 10 点开始喷药，这一举措很是灵验。第 2 天地老虎的幼虫都死在地面上了。这种办法受到了米国华教授的夸奖，说："郝双的这个方法真厉害。"郝双回忆："有一次，我的水稻叶子长得不好，搞不清是什么病害还是其他原因。于是直接给米老师打电话、发图片。那时米老师远在成都出差，没法现场确定真正的原因，就联系了东北农业大学研究水稻的彭教授给我帮助，最后确定是稻瘟病和黑粉病的双重病害，做到了对症下药。""还有，农大师生在我们西河搞科学实验，让我们知道种植玉米应该增加种植密度、推迟收获时间、减少投肥量、在苗期进行化控、搞免耕直播，等等，这些都是我们以前想不到的。"梨树科技小院的这些工作直接提高了西河村农民的科技种田水平，玉米产量也明显比以前增加了。在梨树县"农户玉米高产高效竞赛活动"中，西河村 2010 年有 3 人获奖；2011 年有 5 人获奖，其中一人获得全县二等奖；2012 年经测产，西河村有 11 人在全县获奖；2013—2015 年，除了多人获奖外，西河村每年都有农户获得冠亚军称号。而且，在 2012—2014 年东北三省一区"玉米王"挑战赛上，西河村获得 2 次第一名和 1 个第二名。这些人都成了西河村的科技能人。

科技小院的学生驻扎"三农"一线，为当地农业做出了贡献，不仅带动地方生产，而且能够在困难中前进。郝双也被科技小院的学生所感动。"学生们远离大城市，到我们这偏远的地方搞研究推广，真是不容易。在这些年的接触中，我也把农大的学生们当作是自己的孩子。""那年研究生陈延玲摔坏了腿，得不到休养，我就把她接到自己家里养了两个多月。这些事儿让我和学生们感觉到我们是一大家子人儿，他们也亲切地叫我'郝叔'，有什么心里话也愿意和我唠唠，从来不把我当外人。"

有了科技小院师生帮助和支持，郝双一下子开放了眼界，使他深刻体会到科技农业的好处。慢慢地，郝双也由村里的种田能手，变成了全县知

名的乡土专家。虽然郝双 2008 年就成立了"双亮农机植保合作社"，但主要是经营农资产品，没有真正把农民组织起来。到 2010 年，中国农业大学科技小院支持郝双在西河村成立了全县第一个"科技专家大院"，米国华教授亲自担任首席技术专家，农技推广总站的专家都是技术顾问。"有了他们在技术方面的保驾护航，我就大胆地把村里的一帮志同道合的农民组织起来，真正开始规模化经营，建立了 100 公顷的展示田，按'四统一分'的方式经营管理，结果平均每公顷增产 2 000 公斤，同时成本降低 700 元，公顷节本增效达到了 4 700 元。这让其他农户看到了实实在在的实惠，纷纷要求加入我的合作社，玉米经营面积一下子增加到了 200 多公顷。有很多以前参加其他合作社的农户，看到我这里技术过硬，增产有保障，也转到了我的合作社。这样一来我很快就成了梨树县的'名人'，在全县介绍了经验。"

2014 年，梨树科技小院的博士生伍大利建立了"博力丰"联合社，聘郝双为常务理事长。这让郝双的能力有了更大的用武之地，开始为 40 多个成员合作社服务，也为梨树县实现农业"三个方式"（耕作方式、经营方式、生活方式）转变出一把力。

在科技小院的帮助和支持下，郝双获得了很多荣誉。2011 年郝双被梨树县政府评为"先进个人"；2012 年被梨树县政府评为"实用人才杰出创业者"，被吉林省政府评为"吉林省实用型乡土专家"；2013 年被农业部授予"丰收贡献奖"；2014 年被县委评为"梨树县杰出创业者"，被吉林省政府评为"省劳动模范"。近 2 年，双亮农机合作社还先后被评为"吉林省示范合作社"和"国家级示范合作社"。

"我今年 65 岁了，之前做梦也想不到，我的后半生会发生翻天覆地的变化，而且还获得一大堆的荣誉。这些荣誉的获得，与这些年来同科技小院师生，以及农业技术推广总站的密切交往是分不开的。"

致富标兵

——彭德灿

　　人物简介：彭德灿，男，1976 年生，徐闻县前山镇甲村村委会塘仔尾村人，现任甲村村委会委员。中国农业大学徐闻科技小院优秀科技农民代表，多次代表徐闻科技小院宣传菠萝种植技术，与来自印度尼西亚、美国夏威夷等地的专家交流水肥一体化技术。2013 年获得"徐闻县致富标兵"荣誉称号。

彭德灿是徐闻科技小院所在地有名的菠萝种植大户，每年菠萝的种植面积在 100 亩左右，这也是他家收入的主要经济来源。对于种植菠萝，他有自己的一套种植经验，凭着对菠萝种植的热情，每年的收入比普通农户高 10%～15%。因此，他对自己的种植技术非常有信心，当地人都亲切地叫他彭哥。

初来乍到，拜师学艺

初入"菠萝的海"，徐闻科技小院研究生对菠萝种植一无所知。研究生们找到了彭德灿，要向他学习菠萝种植的技术。性格开朗的他很高兴接受这项"任务"，一次简单的吃饭就算正式"拜师"了。每次只要地里有什么工作，他都带着研究生们，一点一点介绍菠萝种植中每一个操作细节。不到一个月的时间，他把菠萝种植技术都传授给了研究生们。他的帮助，为徐闻科技小院研究生开展工作奠定了坚实的基础。

坚信种植经验，不肯改变

科技小院的学生在掌握了菠萝种植技术基础上，开始了为期 30 天的调研工作。调研结果显示：水分、氮磷投入量过高而钾肥投入不足是徐闻菠萝生产中限制因素。研究生又向彭德灿进行了了解，发现了同样的问题。得到这样的调研结果后，科技小院学生建议他在菠萝生长关键期补充水分，适当地减少氮、磷的投入量，增加钾的投入量。没想到这个建议立马被他全盘否定，他说道："我已经种了十几年菠萝了，每年的收成都非常好，菠萝很耐旱，根本不需要浇水。我们这里离海那么近，海水带过来的钾就够用了，我们根本没有必要再施用钾肥。"

一边说一边开车带着李老师和研究生们到他的地里看，那是一块新地，之前没有种过菠萝。他对这块地信心满满，表示这块地不用怎么管理就能轻轻松松实现 4 000 公斤/亩的产量。研究生们说道："要是让我们种可以让菠萝的产量超过 5 000 公斤/亩。"他摇摇头说道："我种了这么多年菠萝，从来没有见过亩产超过 5 000 公斤的地。"实在说服不了他，研究生们就跟他商量，要不把这块地分成 2 块，每块 3 亩地，他管一块，研究生管一块，咱们最后看效果，如果科技小院研究生管理的那一半不如他的产量高，差多少补多少。有了这一层保障，他虽然答应了下来，但心里还是不相信同学们的话。

实践改变认识

在 2011 年的 9 月份，彭德灿与研究生之间的比赛正式拉开帷幕。从种植环节开始，研究生就优化了肥料投入，每亩减少磷肥投入量 50 公斤。彭德灿按照常规方式进行施肥，研究生们安装了管道、滴管带等设备，采用滴灌进行施肥。2012 年 5 月份，研究生管理的那一半地与彭德灿管理的地出现了非常明显的差异，这时候他彻底服气了，说道："中国农大老师和研究生们的技术果然硬，效果太好了。" 2013 年 4 月是菠萝收获的季节，彭德灿管理的那块地产量为 3 900 公斤/亩，研究生管理的那一半地菠萝产量 5 400 公斤/亩，且收益比他管理的那一半提高了近 1 倍。这让他信心倍增，2012 年，彭德灿扩种了 50 亩，全部采用滴灌施肥技术，2014 年产量提高了 15%。3 亩的小面积试验和 50 亩大面积示范设备有一部分是项目经费支持。2013 年，他又扩种了 150 亩，同样全部采用滴灌施肥，滴灌设备全部由他出资。此时，他已经彻底了解到水在菠萝种植中的重要性，他与徐闻科技小院的学生也成了非常好的朋友，不管小院有什么需要帮助的，他有求必应。

菠萝田间长势

测产会现场

徐闻科技小院菠萝滴灌技术的"形象大使"

2012—2013 年，徐闻科技小院研究生组织了很多场现场观摩会，彭德灿是滴灌施肥技术的新闻发言人，给来参观的种植大户和经销商们介绍菠萝滴灌施肥技术，并以他自己作为例子讲解对滴灌施肥技术的理解和体会，从此他的名气越来越大了。2013 年，他代表徐闻科技小院来汇报工作进展，得到参会老师和同学们的一致好评。2013 年彭德灿被评为徐闻县致富标兵。

彭德灿跟李老师讲解
不施用钾肥的原因

给其他种植户普及
滴灌施肥技术

给外宾讲菠萝
滴灌施肥技术

"黑土"青年与科技小院

——王天宇

　　人物简介：王天宇，一个名不见经传的普通名字，然而在通榆县乌兰花镇春阳村，这个名字已然家喻户晓。33岁的他，用辛勤和汗水，用聪明和智慧，实现了致富梦，成了发家致富能手。同时，他将力量传递给弱者，成了帮助贫困户脱贫致富的主心骨，成了街坊四邻学习的榜样。

好青年立志黑土

王天宇的父亲是乌兰花镇春阳村有名的"庄稼把式"，王天宇自幼耳濡目染，深受父亲影响。18 岁，青春花季的王天宇初中毕业，他没有选择继续读书，而是望着家乡的大片土地久久不能释怀。他想要子承父业，在农业上做一篇大文章。

十年九旱的气候条件，广种薄收、靠天吃饭的生产习俗，使得家乡大部分百姓守着大片土地而过着贫困的生活。而王天宇一头扎进黑土地，从春耕到秋收，从选种选肥到中耕管理，和父亲在十几公顷的土地上做足了农业生产文章，他努力学习父亲吃苦耐劳的精神，学习父亲精种精管的态度，做出了这个年龄的青年做不出的成就。他于 2014 年 7 月注册了"通榆县乌兰花镇新洋丰大成家庭农场"，经过 5 年的发展，家庭农场经营面积虽已扩大到 80 公顷，但面积扩增产量却没有跟着增上去，直到科技小院的出现使得一切有了新进展。

科技小院助增产

2016 年，在科技小院指导下，王天宇种植的玉米公顷产量从一年前的 5 250 公斤涨到了最高时的 13 900 公斤，平均产量翻了一倍还多！"原来最好地块的玉米公顷产量没超过 7 500 公斤，按平均产量算，足足增产 3 000 多公斤。去年玉米价格下跌，我种的 70 公顷玉米还卖了 80 多万元，去掉成本净挣 40 多万元。今年我扩大了玉米种植规模，现在看又将是大丰收，这和科技小院的指导分不开！"王天宇高兴地说。科技小院给王天宇发展规模农业、现代农业提供了科学的理论指导，同时他还向中国农业大学李晓林教授、米国华教授虚心求教，指导农业生产的能力显著提升，为开展帮扶带富打下了坚实基础。

"我自己富了并不是最终目标，以前是打基础，现在感觉有能力带着大家共同致富了。我想带动更多的乡亲们共同致富！"王天宇这样说也这样做了，大家更是信服他。2016 年，王天宇帮扶贫困户 8 户，春耕时贫困户没钱买农资，王天宇垫钱为其备好农资，为乡亲们统一选购种子化肥，每公顷节约 600 元。他还免费为贫困户种地收地，在贫困户的地里开现场会，让贫困户十足地体验到丰收所带来的快乐。"扶贫先扶志，扶志和扶智相结合。有劳动能力的贫困户关键是方法和想法不对路，咱帮他一把，他就会有改变！"在王天宇带动下，2016 年，本村贫困户陈海军、张玉学、张东兴、王永林、杨永海等户实现人均增收 2 000 多元。他通过"科技小院"专家的指导，平均每公顷玉米增产 1 750 公斤，乡亲们乐得合不拢嘴，更多的百姓向他"靠拢"过来。

王天宇富了，却没忘带众乡亲共同致富，他的 80 公顷土地里，有 10 多公顷是实验田。"我不盲目推广，所有的种子化肥我都先自己实验，达到满意效果了我才推广，不能让老百姓走'瞎'道！"王天宇如是说。他心怀农业梦，心怀致富梦，一颗赤子之心让他在农业之路上越走越远！

带江荣风教授、高强教授参观试验田

科技助丰年

梦想在科技小院起航

——毕见波

　　人物简介：毕见波，男，生于 1971 年，吉林省通榆县人。吉林省劳动模范，政协通榆县第十三、第十四届委员会委员，通榆县农资行业协会会长，通榆县新洋丰现代农业服务有限公司总经理。2016 年全国脱贫攻坚战役打响，他主动请缨，作为联络人与中国农业大学、吉林农业大学、通榆县委县政府、通榆县新洋丰现代农业服务有限公司以及通榆县 20 多万农民朋友共同搭建起"扶贫科技小院"，成为"通榆县扶贫科技小院第一人"。

科技小院：点亮梦想

扩大朋友圈，上大学，曾是毕见波的梦想；造福家乡，让脚下的土地变成"希望的田野"，更是他的梦中之梦。然而由于家境贫寒，他的大学梦没能实现。他面对现实，为了改变家境，先是当了小学教师，后又做起了化肥生意。但是，他造福家乡的梦想始终没有改变。

毕见波勤于学习，不放过任何成长和进步的机会。天道酬勤，而机遇又总是青睐有准备的人。2016 年，在湖北新洋丰肥业考察和黑龙江建三江学习期间，他与中国农业大学专家教授结识，对中国农业大学"扶贫科技小院"产生浓厚兴趣，并赴河北曲周、吉林梨树科技小院考察。"科技小院"的故事让他感动和震撼，"零距离""零时差""零门槛""零距离"的贴心服务让他感受到中国农业大学的使命和担当。"科技小院"能改变曲周，也一定能改变通榆！

正是怀着这份信念，毕见波结合"扶贫科技小院"的理念，把 2016 年定为人生转折点，下定决心投身农业，并担当通榆"科技小院"的负责人。由此，他的人生之路变宽了，成长的步伐变快了。"要把'扶贫科技小院'的理念植入有影响力的专业合作社、家庭农场和种植大户，培养出更多的科技农民，那样示范带动作用才会更强、更有利；通过'扶贫科技小院＋'模式推动'精准扶贫'，这样扶贫效果才会更明显。"毕见波的这一想法得到了中国农业大学、吉林农业大学专家和教授的认可和支持。在之后的日子里，他把多年培养起来的"弟子"和"扶贫科技小院"紧紧地结合在一起，相得益彰，地沃粮丰，果硕花香。

道路决定梦想。谈及当初，毕见波说："不怕你们笑话，在科技小院的新模式开展之前，我就是一个卖化肥的。""之前开示范观摩会，我自己花钱请农民吃，人家都不愿意来，组织起来很难，请媒体来报道就更不现实了。现在有了科技小院的新模式，农民们看到了科技的力量，实实在在地富起来了，科技意识也日益提高。"让毕见波觉得最大的改变莫过于朋友圈的改变。自从开始和科研院校合作，他的大学梦仿佛一点点地实现

了，人生格局也发生了巨大变化。以前他的朋友圈里全都是"如何卖化肥"的朋友，而现在，通榆县的县委书记孙洪君来家中做客，县长刘振兴亲自到现场指导，吉林日报社社长张育新和他一起唠家常，他们都成了毕见波的好朋友。

由于朋友圈的改变，毕见波的人生格局今非昔比。社会各界对科技小院的认同感逐渐加强，而中国农业大学的教授和专家的真情付出更令他感动。老师们起早贪黑去田间考察，又披星戴月地赶回学校，老师们的举动更加坚定了毕见波要将科技小院做到底的决心。他说："这是一件有意义的事。它点亮了我的人生梦想"。

科技小院：助力梦想起航，打造品牌农业

科技小院不仅帮扶贫困户，更有力地推动了当地农业的转变与发展。"以我们新洋丰企业为例，现在所采用的中国农大、吉林农大'扶贫科技小院+'模式，得到了社会各界的高度认可，各产业均取得傲人的成绩。我们向现代农业转型初见成效，成立了育林粉条厂、米面加工厂，有了笨笨食品、绿港现代农业发展有限公司。吉林大学现代绿色农业研究中心又落户新洋丰农业，我们致力于品牌农产品的渠道建设和品牌打造，将产业链条从'田间'延伸到了'餐桌'。曾经通榆的自然和地理条件不好，盐碱地也是当地一直贫困的主因之一。但如今依靠通榆县特殊的地理环境，打造出了绿色、有机、弱碱性农产品。我们的品牌农产品打造也初见成效：五井子系列农产品，育林粉条、育林米面、笨笨丫瓜子、向海泥湾弱碱小米都已相继问市，并得到家庭农场主、合作社、种植大户、合作伙伴和社会各界的高度认可，最大化地提高了农产品的附加值。"毕见波说："企业经营过程中不仅收获了市场，更收获了百姓的口碑。企业壮大之后反哺社会，呈现出一种良性循环的状态。"

吉林大学作为通榆县的一对一帮扶高校，之前也投入大量资金用于通榆县脱贫，但效果甚微。今年吉林大学校长李元元在通榆县参观"扶贫科技小院"示范田及相关产业之后，不禁感慨科技小院的力量。"与科技小

院合作后，扶贫效果非常喜人。现在吉林大学食堂吃的都是我们产的粉条。"毕见波自豪地说。

吉林省邮储银行在科技小院考察后提出一条惠民政策：凡是科技小院推荐的贫困户即可申请绿色通道贷款 3 万元。这也表明了社会对于科技小院的认可。

科技小院：春风化雨，百业兴旺

2016 年春，在通榆县委县政府的大力支持下，毕见波投资 1 000 万元在通榆县经济开发区建设集"现代农业科技培训，农产品加工、销售、仓储、物流"等职能为一体的通榆县新洋丰现代农业服务有限公司，并在第一时间与中国农业大学、吉林农业大学开展合作，通过"'扶贫科技小院'+帮扶部门+通榆县新洋丰现代农业服务有限公司+农户（贫困户）"模式带动农户（贫困户）致富。自 2016 年以来，公司每月组织一次"农业精英培训"，3 年来累计培训合作社理事长、家庭农场主、种植大户等农业精英 728 人（次）。在中国农业大学、吉林农业大学专家和教授的培养、培训下，农业精英指导农业生产的能力显著提高，发展农业事业眼光更远，成为推动通榆农业发展的中坚力量；全县以"新洋丰"冠名的"新洋丰向阳建福种植专业合作社""新洋丰边昭五井子种植专业合作社"等种植专业合作社、家庭农场已发展到 12 个，合作社（家庭农场）成员共 1 268 户，其中含贫困户 313 户；公司各类农产品加工产能逐年提升，由 2016 年的年加工产能 1.1 万吨提升到现在的 2.8 万吨；公司以"五井子佳村淘""向海泥湾""村小二"为商标的各类农产品通过电商和实体店等渠道销往全国。在公司、合作社、家庭农场带动下，农户（贫困户）"收在地头、卖在村头、实惠最多"的目标逐渐实现。

"扶贫科技小院"的服务最早开始于边昭镇五井子村。该村的帮扶单位是吉林日报社。由于长期的"庸懒散"思想，五井子村致富动力不足，多数百姓的生活还处在温饱和贫困边缘。2016 年春，毕见波和中国农业大学米国华教授来到五井子村，与吉林日报社驻村第一书记纪德永和村委成

员耐心交谈，了解了实际情况。经过反复研究，确定了发展模式，2016 年底，"扶贫科技小院"在五井子村贫困户韩孝先的玉米地里开了一场大规模的农业丰收现场会，这场大会由"扶贫科技小院"指导，由帮扶单位和新洋丰现代农业服务有限公司提供农资，种植专业合作社负责田间管理。最终，韩孝先的玉米公顷产量突破 1.05 万公斤，销售 1.7 万元，当年实现脱贫。吉林电视台对此进行了专题报道。同时，由"扶贫科技小院"、吉林日报社、新洋丰现代农业服务有限公司共同打造的"五井子"牌农产品热销于省城和京城。

同样因为科技小院而改变命运的还有新华镇的育林村，这里是远近闻名的"软弱涣散"村，对口帮扶的吉林省监狱管理局投入了大量资金为该村打农田井、上电、修路、建文化大院，村屯面貌明显改观。为彻底脱贫、改善村貌，省监狱管理局领导和下派驻村干部王有思与毕见波的"农业龙头企业拉动促脱贫"思路不谋而合，省监狱管理局决定再投 500 万元，与通榆县新洋丰现代农业服务有限公司合作，在育林村建设米面加工厂和粉条加工厂，把"扶贫科技小院"设在育林村。2017 年春，"'扶贫科技小院'＋帮扶单位（省监狱管理局）＋通榆县新洋丰现代农业服务有限公司＋加工厂＋种植专业合作社＋农户（贫困户）"的帮扶合作模式确立；2017 年冬，育林村米面加工厂、粉条加工厂投产达效，育林村民生产出的农产品全都卖进了加工厂，育林村有劳动能力的贫困户成了厂里的工人，"育林小米""育林石磨全面""育林粉丝""育林粉条"走进了商场和超市，走上了餐桌。育林村喜人的帮扶成果登上了央视荧屏。

科技小院：绘就蓝图，拓展未来

创建科技小院，无疑踏准了时代的节拍，因为它契合国家乡村振兴战略与精准扶贫战略，更是实现农业产业化、发展现代农业的希望之路。自2016 年省、市、县各级帮扶部门开展对口帮扶以来，毕见波深入到全县各行政村，与各级帮扶部门、村两委成员、农户（贫困户）就农业产业化问题进行深入交流，并将通榆"扶贫科技小院"与"校、政、企、农"相融的扶贫想法予以宣传，在此期间，"'扶贫科技小院'＋帮扶部门＋企业＋农户（贫困户）"的具体帮扶路子越走越宽。"科技小院"为通榆县的农业技术的植入与帮扶，也为通榆的农业兴旺和农民增收创造了良好条件。

这些年，"科技小院"对于通榆县的改变让毕见波真真实实地看在眼里，记在心上。他总结了科技小院的几大效果：一是对农业科技的支持。以玉米为例，科技小院成立这3年来，通过小院的帮助，通榆县每公顷的平均产量高达2 500公斤以上，收益增长了50%。对此毕见波总结为3个真心：真心植入、真心帮扶、真心有效果。二是对大户和企业情怀的培养。新洋丰作为农资市场的领头羊，同时也是良心企业的代表，每年为科技小院选拔出来的贫困户代表无偿提供优质的种子、化肥等，同时采用先富的大户带贫困户的模式良性运转着。三是准确把握国家动向，使得扶贫向扶智（志）方向转移，打通了扶贫的"最后一公里"。"扶贫科技小院"的成立，使得当地农民真实地获利，生活也在慢慢地变好。

"扶贫科技小院"作为农民脱贫的新纽带而广受百姓与社会好评，"企业＋大户＋贫困户"的有效帮扶模式为通榆县脱贫和共同富裕绘出了美好蓝图。"科技小院"作为专家与农户、科技与企业交流沟通的平台，培养了一大批兴农人才，有力地推动了通榆的经济发展。

吉林大学校长李元元参观科技小院时
畅谈现代农业发展

与吉林日报社副社长李振军参观小院
试验田时交流农业发展经验

村民们最爱的人

——李振海

　　个人简介：李振海，曲周县后老营村支书。生于
20世纪70年代，自幼家境贫寒。90年代末，李振海
做起了木材粗加工生意，经过几年的积攒，有了一定
的经济基础，在当时的村里也成了致富先驱。李振海
2002年当选后老营村支书后，一直通过政策帮扶和自
己筹资的方式帮助村中乡亲。2010年听说科技小院要
入驻村中，便以一己之力不辞辛劳地将农大师生迎进
来，使得村里面貌焕然一新。很快后老营就成为"全
乡综合治理先进村""产业调整先锋村""大河道乡综
合考核一等奖"等，获得了乡级领导的高度认可，成
为全乡数一数二的先进村。

学刘备三顾小院，不惜本迎接师生

2010 年初的冬季大培训总结活动，让李振海对后老营的未来发展有了坚定的信念。令他感到意外的是，在曲周这样一个土壤咸碱、产粮为主的农业大县竟然有中国最高农业学府——中国农业大学的教授和研究生们常年驻村，与农民同吃同住同劳动，指导农业生产，发展地方农业。这听起来多少有些令人不可思议，像是做梦一般。但是李振海从中看到了希望，横下一条心：一定要把农大师生请到后老营村。

李振海相信有了中国农大的力量加入，能够迅速将村里的农业发展水平提升一个台阶，保证村里的老百姓有更好的农业收入，这其中最关键的因素是缺乏技术和指导。而技术正好是中国农大科技小院能带来的，所以只要把农大师生请到后老营村，就相当于给自己增添了左膀右臂，就能够带领全村的村民更好地发展农业。这一番夜不能寐的思考着实让他犹豫了好些天，不仅饭吃不香，觉也睡不好，但一旦下定了决心，他肩上的负担瞬间轻了许多。不过，前进的道路没有想象中那么简单。

2 月 20 日（农历正月初七）李晓林老师、张宏彦老师带着研究生曹国鑫、雷友和黄成东一行踏上了曲周这片热土，开始了新的工作。当他们还在白寨科技小院准备开展工作的时候，李振海带领了大河道乡的父母官来到了白寨科技小院。他做足了功夫，很明显表达出了一个意思："李老师，你们也得派人到我们村啊，帮助我们村搞好农业。"但是要建立一个小院没有那么容易，当时条件尚不允许，因此第一次李振海碰了个软钉子。不过，李晓琳老师还是看到了李振海的这份诚意，这是全县 342 个村中第一个村支书能够主动邀请中国农大师生驻村建小院的。李振海的第一次出马是做好了思想准备的，已经预料到了可能出现的结果，他没有灰心，继续坚持。

不到两天，李振海第二次来到白寨小院，提出自己的想法：可以来后老营进行间套作种植的研究。后老营是西瓜生产大村，西瓜种植在村里及周边村已经有了几十年的种植历史了，村民们为了增加收入，摸索出了多

种多样的西瓜种植模式：小麦/西瓜/玉米、小麦/西瓜/白菜（芥菜）、西瓜/棉花、西瓜/绿豆、西瓜/林木等，简直就是西瓜间套作博物馆。这次李老师松口了，但是还没完全答应。

李振海第三次来到科技小院，希望师生们能够尽早到后老营开展工作。李老师来实地考察之后才了解到，为了迎接中国农大师生，李振海自掏腰包，用自己辛辛苦苦挣来的 2 万多元血汗钱进行装修和购买家具，尽力给师生们创造优良的条件。功夫不负有心人，经过多次的考察，李老师终于决定在后老营成立一个新的小院。

2010 年 4 月 17 日，这在后老营历史上是值得铭记的日子，李书记用三顾小院的执着和不惜血本的付出迎来了这重要的一天。后老营科技小院成立了，师生们正式入驻科技小院，开始了后老营小麦/西瓜/玉米间套作体系高产高效研究和示范工作，而且一直持续至今，并将继续走下去。

商讨建立后老营科技小院

入驻小院，商讨工作

喜丰收瓜不抵水，舍家底勇闯市场

随着大部分春播西瓜开始收获，农民一方面为这几个月来的辛勤劳动感到高兴，另一方面却为西瓜卖不出去或收购价格过低而发愁。7 月 2 日的西瓜价格还在 0.5 元/公斤的水平，这样的价格仅仅能够保证农户不亏本。天有不测风云，市场总是难以预料，5 天后价格降到了 0.2 元/公斤。农民辛辛苦苦、勤勤恳恳忙碌了几个月，却遇到了这样让人一筹莫展的局面。屋漏偏逢连阴雨，7 日晚上 10 点开始到 11 点，短短 1 小时的降雨量就达到了 18 毫米，不知会有多少西瓜烂在地里。这样的市场再加上这么恶劣的天气，导致当时一个 10 多斤的西瓜还卖不出 1 瓶矿泉水的价格。

好在之前，李书记就已经带着研究生们着手做了准备工作，他们要打一场漂亮的翻身仗。西瓜的销售是历史遗留问题了，以前不少瓜农们开着大小三轮车去周边村零卖，或者到较远的交易市场批发销售。零卖虽然能够赚钱，可是太费工夫；去其他交易市场，来回油钱要消耗不少，还不一定能卖出去。农民着实是受不了这种奔波，希望通过小院和村里能够从根本上解决这一问题，减轻出去卖瓜的负担和卖瓜难的问题。6 月还没有收麦，李振海就开始筹划着要建立一个西瓜交易市场，开始了办理建立交易市场所需要的手续和租地协议，以及建立市场的合法手续的流程。

建立市场最首要解决的还是资金的问题。李振海苦苦思索了几日几夜，先把自己多年的积蓄拿了出来，有多少先垫上多少，剩余的钱等到麦子卖了再还。那时的李振海为了科技小院已经投入了 64 000 元，基本上是把家底给"败"光了。

7 月 12 日，西瓜交易市场也顺利开张了。市场是建立起来了，可是几乎没瓜贩来光顾，吸引不来瓜商的市场相当于没有。市场冷清的状况一直持续了好几天，使得李振海吃不好饭，睡不着觉，躺在小院的床上一筹莫展。13 日上午李振海找到驻院学生们，想出去看看周边西瓜市场行情。经过上网查询，大家发现河南、广东、陕西等地的市场价格都偏低，无奈之下，只好查看邯郸本地市场。邯郸丛台区的蔚庄水果批发市场当时的西瓜批发价格为 0.5～0.6 元/公斤，这个价格相较于后老营村的交易价格 0.2～0.3 元/公斤要高出不少。李振海暂时决定去邯郸闯一闯，实地查看市场行情，为后老营西瓜销售寻找出路。

14 日早上 7 点半，李书记开上自己的车，带上做好的市场宣传单，拉上李宝深同学一起便开始了闯荡邯郸西瓜市场之旅。与其说这是一次闯市场，不如说是一次游说。每到一个市场，"二李"都要铆足了劲，绞尽了脑汁，想办法请客商去后老营收购西瓜。请人远远比想象得难。整个过程的艰辛难以用语言来形容，从早上 7 点半出门到凌晨 1 点半归来，他们用了短短的 18 个小时就闯遍了邯郸、邢台、沙河的大型果菜市场，一遍又一遍地详细介绍后老营的西瓜生产情况，尽力吸引更多的客商来后老营收购西瓜，解决后老营的燃眉之急。

辛苦终有回报。第 2 天一大早，市场上来了不少客商，有永年区的瓜商，还有邯郸当地最大的超市的蔬果部采购经理，原来门可罗雀的市场一下子变得热闹起来。广东一个经销商听到了风声，也专程赶到后老营，一次性收购了 50 吨西瓜，由于瓜的质量是李书记亲自把关的，质量非常好，广东客商将这车西瓜卖向了韩国，所以就有了后来"老营西瓜走出国门"的美谈。市场打开了，瓜农的西瓜不愁卖了，而且随着来的瓜商越来越多，小小的市场被七八十辆瓜车给挤得水泄不通，车水马龙般的场面也让西瓜价格也逐步回升，最高达到了 1.0 元/公斤，比往年同期的最高价还要高出 0.1 元/公斤。看到这样的场面，瓜农们脸上绽放出了喜悦的笑容，种瓜的劲头更足了，来年一定还种西瓜。趁着这股势头，李振海和合作社其他成员一起研究决定要扩大规模，于是开始了合作社成立以来的第一次扩张，短短的 1 天时间，从原来的 1 个村 13 户，发展到了 3 个村 186 户。看到自己的辛苦付出有了回报，得到了瓜农们的认可，再也不用担心西瓜卖不出去了，李书记也终于可以踏踏实实地睡一觉了。

卖不出去的西瓜山　　　一筹莫展的李振海书记　　　　　繁忙的市场

找贷款圆西瓜梦，经风雨梦回现实

在吃西瓜的同时，李书记心里还装着另外一个梦想——"一年四季有瓜吃"。发展温室大棚西瓜产业，就能够在目前夏季西瓜生产的基础上实现这个梦想，既而将后老营打造成一个具有自身特色的西瓜产业基地：夏季有棉花/西瓜和小麦/西瓜/玉米间套作，秋冬春有塑料大棚和日光温室生产。所以，只要有了塑料大棚和日光温室，人们就能一年四季都吃到新鲜的西瓜，而且反季节生产西瓜所带来的经济效益会更高。

李振海，一个敢于冒险的支书，一名敢作敢为的村干部，是他再一次要实现后老营村的西瓜梦。2011年5月初，他开始准备筹建大棚。一栋日光温室加一个塑料大棚需要花费16万元左右，建市场盖房的投资还没收回来，这又要做投资了，而且是大投资。李书记虽然赚了点钱，但其中很大一部分都花在村里公益事业上了，已经没有多少积蓄，远远不够建造大棚的费用。通过各种渠道打听，他终于得知邮政储蓄可以向农业专业合作社农户提供贷款，不过每户只能且最多提供5万元额度，要建西瓜大棚，至少也得贷15万元，也就是还需要2户才能凑够数。李书记与家人商量了一下贷款计划，找来了大哥李平海和妹夫史成学，他俩都很爽快地答应了李书记，加上李书记自家积蓄勉强凑够了建棚的费用。

突破重重阻碍，李书记终于做到了，他的脸上也露出了灿烂的笑容，干起活来也更加有劲了，没日没夜地"熬战"，终于获得了一些回报。大家相信，李振海虽然只种过一季西瓜，但肯定也能种好棚室西瓜，更能为老营西瓜产业的发展做好带头表率作用，为科技小院的高产高效示范工作提供更多无私的帮助，让农民增收，让村民致富。

塑料大棚

经历了风雨，赢得了收获

2010 年，后老营西瓜合作社在科技小院的协助下，注册了"老营村西瓜"商标，开始打造属于后老营自己的品牌。2011 年，以后老营西瓜合作社为牵头单位，筹备成立邯郸市西瓜协会，希望对邯郸市西瓜产业发展起到模范作用。2012 年，在后老营历史上是百年一遇的发展良机，也创造了后老营有史以来最快的发展速度。合作社先后获得上级部门二次政策扶持，扶持资金达 15 万元，这些资金全部用于补贴社员购买生产资料，鼓励社员积极应用高产高效技术，从村域层面上有力地推动了农业的发展。同年 7 月，后老营成功举办了曲周县首届西瓜文化艺术节，极大地宣传了老营西瓜。这些都值得铭记，但更重要的是在小院工作的推动下，后老营村在县一级部门里得到了越来越多的关注，成了河北省首批基层建设重点村。在多方的努力下，村办公室修建了卫生室，加盖了专家室，增配了体育设施，硬化了村广场，绿化了村内主要街道，打了 2 口深井，这些都让村民的日子更加好过了。此外，环村路的修建则极大地方便了村内的交通，8 米宽的出村水泥路让交通不再成为西瓜运输的限制因素，卖瓜更容易了，村与外部的交流更便捷了，发展更好了，老百姓的日子更有奔头了。

在这样一位可敬可爱的人的带领下，美好的追求总是永无止境的。执着的路上总会有风雨，但经历了风雨才会享受到彩虹的美丽！

礼品西瓜

邯郸西瓜协会筹备成立大会

西瓜采摘文化节

美丽的田野

农民学员：从0到1

——耿秀芳

　　个人简介：耿秀芳，年过半百的普通农村妇女。从目不识丁到成为科技农民代表，她凭借自己认真好学的精神，在科技小院的田间学校实现了从0到1的突破：完成了撰写科技小院日志、布置科学实验等一系列科技活动，成为科技小院培养的第一批女性科技农民代表。

艰难的"入学"考试

2010 年 12 月 12 日，为了更好地利用驻村优势，科技小院开始从全体村民中选取优秀农民，作为田间学校学员，开始长期的培养。目的是让这些学员学到整套的高产高效技术，让学员作为农业技术推广力量的一部分，向其他农民传播技术，成为农民与农民间技术交流的纽带，充分发挥农民自身的优势，实现技术更好的传播。此外，这部分学员将来还可以作为村域农业技术推广的骨干力量，在未来村域农业发展当中起到关键作用。

听到要建立农民田间学校的消息之后，农民们蜂拥而至地赶来报名。这让科技小院的师生们看到了农民们的积极性，再次切身感受到了他们对于科技学习的巨大热情。他们觉得，跟着中国农业最高学府的老师和学生们能够学到真正的技术，相当于是自己也上了一次大学。第一批的报名本上记录了32 名农民，但是考虑到田间学校是重点培养模式，学员规模不宜超过 20 人，规模过大也不宜管理，需要从中筛选，择优录取。那么以什么标准来考察农民呢？大家思来想去，最后决定准备一门入学考试。

与参加这次考试的其他农民不同，对于耿秀芳来讲，这是她人生当中最艰难的一次考试。当其他 19 名农民都在埋头填写自己的入学试卷时，只有她一人抬头左顾右盼；而当其他人都很淡然地走出村大队部的办公室时，只有她一人愁云满面。这不只是因为对自己的答卷不满意，更多还是对加入田间学校的一种深切的渴望。

100 分钟的考试很快就结束了，有人欢喜有人忧。试卷的答案五花八门，有的答案让人捧腹大笑，有的答案让人不知所云。而其中一份试卷，着实给大家出了一道难题，这份试卷就是开头提到的年龄已经超过 50 岁的耿秀芳的试卷。发试卷的时候是一张洁白的只有 5 道题的 A4 纸，经过 100分钟的答题之后，试卷上仅仅多了一个"耿"字而已。这样一个连名字都不能写全的农民，到底应不应该进入田间学校学习？但是通过这次测试，大家也确实看到了后老营农民的科技和文化素质，看到了他们的潜力，看到了他们的激情，这一切源于对科技知识的强烈需求。经过讨论，学校最

终还是决定录取她，但心中还是隐隐有一丝担心：以她完成试卷的能力到底能不能承担起农业技术推广的角色？

2010 年曲周县大河道乡后老营农民田间学校入学考试

姓名：耿

1. 小麦应该浇几次水？是哪几次水？
2. 小麦应该上几次肥料？是哪几次？每次一亩地应该上多少斤肥料？
3. 一亩地应该播种多少斤小麦？
4. 今年你家小麦地里有什么病害？用什么药防治？
5. 一亩地应该有多少万小麦苗合适？
6. 每亩小麦有 50 万穗，行距是 15 公分，那么 15 公分长的地上有多少小麦穗？

田间学校开班典礼　　　　　　　耿秀芳田间学校入学试卷

正式上课，困难重重

正式开始上课了，学员们分布于村里的 5 个大队，居住地也很分散。这虽然给通知学员上课带来了一定的难度，但也为科技小院更好地宣传"双高"技术提供了便利，相对分散的学员能够带动更多周边的邻居参与到"双高"技术推广阵线中来。在上课过程中，有时候需要记下来不少笔记，这里的学员不同于北京市农民田间学校的学员，学历相对较低，年龄较大，虽有着一定的识字能力，但书写能力比较弱，而且科技素质参差不齐，再加上家里事比较多，对于好多知识当时记得住，时间长了可能就忘得一干二净了。俗话说得好，好记性不如烂笔头，为了加强他们的书写能力，学校为每位学员配备了一本笔记本、一支笔，并要求他们逢课必带。

有一位学员老是不记笔记，只听讲，她就是之前提到的入学考试时只写了姓氏而交了空白卷的学员——耿秀芳，55 岁的一名妇女，初中毕业后一直在家务农，十几年来很少写字，只是认识一些字，平时写阿拉伯数字1、2、3 都是慢腾腾的，还写得歪歪斜斜。每次上课要求学员们记笔记的时候，只有她一人不动笔，本上一直是空的。为了让像耿秀芳这样的学员学到更多的知识，学校将原本 1 小时的课程延长至 2 小时。上课时间越长，字写得越多，熟练程度就越强。就这样，耿秀芳的识字能力和书写能力在不断地提高，她的笔记本上逐渐多了一些东西，上课的劲头也越来越大，虽然记得慢，但是已经有了很大的进步，扭扭歪歪的字出现的频率明显减少了。看到这样的现象，她自己内心对田间学校充满了热情，当然科技小院的学生们比她还要兴奋，这就像是播下的种子终于冲破了泥土的束缚从土壤里滋出了嫩叶，就像是家长看到自己的宝贝第一次能够独立站起来时的那种特有的激动和兴奋。这是从 0 开始，她希望自己能够有更大进步，不但能写出，而且还能写好。

别人的笔记

耿秀芳的笔记

小院日志，跨越发展

为了检验学员到底能不能自己写一点东西出来，学校为耿秀芳布置了作业：写小院日志。对于常年在地里干活而从没做过记录，或者回头想过自己每天能干什么的"脸朝黄土背朝天"的农民来讲，写日志或者记录属于自己的东西可能是一件难上加难的事，平常对于自己所用的肥料都很难掌握得清楚的人，真的能够记录下自己的日志吗？然而过了不到 1 个月的时间，当她把笔记本带到科技小院，大家一看，有的一页上记录了 2～3 篇日志，写得较多，每篇有四五十字；有的一页上 4～5 篇日志，写得不多，只是一句只有 10 多个字的简单的记录，而且不少语句中有一些错别字或者语法问题。她把自己内心想说的话用最直接的文字表达了出来，加上方言

里存在着不少可能难以用现代汉语准确表达的文字。然而这些错误不是重要的，重要的是一个十几年没有写过字只知道在地里干农活、回家做家务的 50 多岁的农村妇女，能够敢于用自己最不擅长的写字的方式记录她每天在地里干的活，即使错别字成篇也让大家感觉十分开心。后来大家就送给她几本关于小麦、玉米、西瓜生产实用技术的书籍，鼓励她照着书籍记录。这是一项长期的"浩大工程"，到目前为止虽说她没有完成一本书的记录工作，但是笔记本已写满两本了，字也练得越来越漂亮，写的速度越来越快，知识积累得也越来越多，比起当年入学时的情况已经有着非常显著的进步了。这是大家所希望看到的，也是她自己努力的结果。带着这份进步的满足感，她的生活充满了更多的乐趣，同时，她也迎来了又一次挑战。

田间实验，有模有样

2013 年的 6 月份，是小麦抢收、玉米抢播的忙碌季节，老试验的采样和新试验的布置集中到了一起。为了更好地发挥小麦/西瓜/玉米体系的最大生产力，需要对玉米品种优化，开展玉米品种筛选试验。小院将试验安排在耿秀芳家的地里，一方面是锻炼她的能力，看她作为田间学校的一员，究竟能不能帮助研究生完成试验的布置，减轻研究生驻村开展研究的压力。另一方面，利用学员的积极性和对科学技术的渴求，由学员作为试验任务的主体人员，开展同田试验。在自家田块做试验，搞技术研究，能够更好地加深学员对于技术的的理解并提高采用率，同时给研究生腾出更多的时间和精力来完成更重要的研究。怀着忐忑的心情，耿秀芳开始了新的挑战。从 6 月 21 日播种到 10 月 14 日收获的这 114 天期间，大家没有去地里插手，想着能布置成什么样就是什么样，即便都失败了，就当作是给学员一次锻炼的机会，使其从中总结失败的教训，以后多加注意。10 月 14 日这一天，到了该收获的时间，大家带着小区图和采样所需的工具，从头开始采样。出乎大家意料的是，试验被她布置得特别漂亮，没有出现任何错误，小区与小区的边界很清晰，每一个品种都在事先设定的位置上，株行距掌握得 1 厘米都不差。看到这样的试验是由一个普通的农村妇女完成的，而且完成得很漂亮，大家心里不得不佩服她的能力与敬业精神。

每一个学员都很珍惜在田间学校的学习机会，也确实能够体会到学员们在这个集体里是温暖的，是幸福的。他们尊重知识，把小院学生当作他们学习技术的老师，当作他们庄稼地里的园丁，科技小院也希望能够有更多像耿秀芳这样勤奋好学的农民涌现出来，能够实现从 0 到 1、从 1 到 10 的跨越，能够在现代农业快速发展的潮流中学习和锻炼，能够享受属于农民自己的快乐生活。

耿秀芳自己写的日志

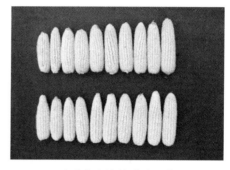

耿秀芳和她的试验玉米

科技农民，与时俱进

——张景会

　　人物简介：张景会，男，中共党员，1961 年生。从事水稻种植 23 年，曾担任 37 作业站水稻理事、科技示范户、高产创建户，获得富锦市人大代表、七星农场先进工作者、感动建三江人物提名奖、全国科技示范户、七星农场先进个人、全国农业技术推广贡献奖等荣誉称号。

作为建三江科技小院的"校外导师"以及寒地水稻专家，张景会对科技小院有着特别的感情，他已经陪同建三江科技小院度过了很多个春秋，对小院的学生来说，张景会张叔胜似"校外导师"。张叔也亲切地称呼大家为孩子们，平时像照顾自己的孩子一样照顾大家，陪同建三江科技小院一同成长。

建三江科技小院位于美丽富饶的建三江，地处乌苏里江、松花江、黑龙江冲积而成的三江平原腹地，辖区总面积 1.24 万公里^2，现有 17 个国有农场，耕地 1 100 万亩。经过 50 多年的开发建设，建三江已经具备年粮食总产量 60 亿公斤以上的生产能力，粮食商品量占全省的 1/5，粳稻总产量占全省的 1/3。作为全国机械化程度最高、最重要的商品粮基地、最大的绿色食品基地，建三江现代化大农业走在了全国前列。

站在"引领中国现代农业，保障国家粮食安全"的战略高度，中国农业大学与黑龙江垦区强强联合，开展农业科技合作与共建。以高产高效现代农业研究与示范基地为平台，以高产高效现代农业示范农场建设为突破口，立足垦区，面向东北，为现代农业高产高效发展做出贡献。现代农业的发展需要靠人才！这种人才既需要具备一定的农业领域的理论知识，又需要具备较强的解决生产实际问题的能力。我国农业的发展需要依靠这种具备创新能力的复合型人才。在这片沃土上，中国农业大学有了更加广阔的平台，既能做国际前沿的科学研究，又能服务于当地的生产实践，为保障国家粮食安全做出更大的贡献，同时培养出服务于现代大农业的复合型人才，彰显了中国农业大学"解民生之多艰，育天下之英才"的校训。从2005 年测土配方施肥技术开始，经过数次的农业合作及高产高效技术的大面积示范、应用与推广，到目前为止大约有 30 多位中国农业大学的学子在这片沃土上留下了印记，对于在这里所进行的农业技术的研究、创新与推广，中国农业大学扮演了不可或缺的重要角色。为了与建三江展开长期有效的合作，同时为现代化大农业做出属于农大人自己的贡献并培养更多农业生产实践性人才，建三江科技小院应运而生。

中国农业大学建三江科技小院是我国第一个以规模化机械化经营的现

代农业为重点的国际化研究与实践型组织机构，以"引领中国现代农业，保障国家粮食安全"为目标，进行现代农业科技创新与技术集成和示范，建立大面积可持续绿色优质高产高效现代农业技术体系，探索现代农业发展模式，力争为保障国家粮食安全、食品安全和生态安全，实现国家农业可持续发展战略目标，建设新农村与和谐社会以及人才的培养做出重要贡献。

小院帮忙开网店——让张叔的米卖到了全国各地

2017 年 4 月，帮助研究生育秧的张景会张叔，今年已经 56 岁了，年纪虽大，但是对于水稻的热爱和干劲儿不减。种了近 30 年水稻的他早就成了经验丰富的"种植老手"，那片近 700 亩的水稻田对于他来说早已不是赖以为生的赚钱基地，而是他施展自己的事业、实现个人价值的舞台。对于水稻的种植，张叔不仅非常细心、投入，善于总结经验并应用于实践，同时还非常乐于接受新的技术。面对新的种植理念、新的机械运用及新的种植技术，张叔总是像一个虚心好学的孩子一样，充满着好奇和兴趣。

小院与张叔的"合作"已经有好几年了。前后有好几位师兄、师姐在张叔家做试验。张叔对研究生们的试验永远都是耐心又支持的。最近一次大家在张叔家第一次试飞固定翼无人机时，他在旁边全程观看，非常感兴趣，与无人机操作者一直在交流，询问无人机的操作方式、飞行原理以及测得的数据类型等。据张叔介绍，从前年开始，小院的研究生就在他家的地块上试飞过多旋翼的无人机，而且他把数据都要来并存储起来了，他觉得无人机是个特别有趣又有用的工具。他感叹道，当时测得的不同田块的数据非常准确，与实际情况基本上是相符的。张叔很期待我们这次无人机的数据。

2019 年，研究生们也有侧深施肥的试验布置在张叔家，试验设计的种植规程与张叔的习惯种植流程存在细节上的不同，比如施肥量、施肥时间等。每当出现分歧时，大家都会充分地了解张叔的操作方式和原因，根据张叔的种植经验，结合小院制定的技术规程来考虑两者的科学性。所以在张叔家做试验的过程其实很多时候是相互交流、互相学习的过程。当然除了相互学习，有时候他们也会互相帮助。

驻院的研究生们在建三江科技小院待了这么久，除了农业技术方面的努力，在农民服务等其他方面相对于曲周等其他小院还是有些欠缺的。大家希望除了农业技术之外，还可以从其他方面来帮助农民实现增产增收。于是，当得知张叔种了 10 亩地的有机大米而销路不够好时，大家就有了在网上开店帮助张叔卖大米的想法。于是"科技农民＋科技小院＋互联网销售"，一个新的合作方式和服务方式形成了。希望到时候新的有机水稻收获以后，科技小院的师生都可以尝到出自建三江科技小院的科技有机大米。

2018 年 4 月份，3 位研究生刚到小院的时候，张叔就立马联系了他们，就 2017 年卖大米的具体情况和他们一起商量新的对策和方法。从销售的数量和收入来看，2017 年通过科技小院，以网上销售的方式卖出去的大米一共是 1 000 袋左右，累计总重 5 吨，为张叔增加了 23 万元左右的收入，当然也存在一些问题。其中当年的大米包装只是普通的包装，而且只有一种。就以上两个问题，研究生想出了相应的对策。首先，在包装的方式上，决定在 2018 年加大投入，将普通的包装换成真空的米砖包装，真空包装既方便运输又方便储存，而且看上去更加高端大气上档次。其次，就包装的设计来说，决定找专门做设计的电商制作一个独一无二的专属于张叔的包装。同时，2017 年因为是第一年开始卖，一些相关的证书，比如商标注册证书、优质大米的品质证书等，在 2018 年 9 月份的时候才刚刚全部拿到手。张叔打算继续和科技小院的学生合作下去，而且准备大干一场，让全国各地更多的人尝到自己种植的优质大米。

2018 年，河北传媒的媒体来到建三江对张叔进行采访，当提到科技小院的时候，张叔很高兴地说道："科技小院的学生们帮我开起了淘宝店，让我的优质大米卖到了全国各地，真的很感谢这些孩子们。"

稻田中向张叔学习讨论

田间请教

商量开网店事宜

淘宝店顺利开业

景会御香系列产品

专注品质粮，走向致富路

2018 年 9 月 25 日，正逢丰收时节，七星农场万亩大地上，几台收割机从远处驶来。在黑龙江考察调研的习近平总书记一边看收割稻田的景象，一边了解大地号生产全程机械化的情况。农场工人们看到习近平总书记来了，纷纷跳下收割机，围拢到习近平总书记身边。习近平总书记亲切地询问他们的种粮收入、生产模式等情况。与习总书记短暂的对话时间，成为了张景会毕生难忘的回忆。

"习近平总书记和我们进行了面对面的交流，我心情万分激动。"张景会欣喜地说道，"当时我们驾驶员都开了一会儿收割机，再一起来到习近平总书记面前。总书记和我们几个人一一握手，面对面交流。总书记问我家情况，我回答说我们老两口种水稻，儿女们在外面卖大米。现在我们的米还有了自己的品牌，日子过得一天比一天惬意舒心。"习近平总书记欣慰地点头。

习总书记感慨北大荒的沧桑巨变，让张景会感同身受。回忆起初到建三江，张景会面对的是一处荒野，根本没有行走的路，去地里干活的时候都要在沟里走。如今建三江发展得这么好，又有习总书记的关心与嘱托，张景会对未来的生活信心满满。

经过这次面谈，张景会等人对种地的信心更足了，纷纷表示在今后的水稻种植中，要继续由"种得好"向"卖得好"转变，生产优质米，多挣钱，把自己有限的力量贡献给北大荒。